f) Der Luftballonverkäufer hat 3 rote,
7 blaue, 4 grüne und 1 gelben Ballon.

g) Vor dem Kiosk stehen 4 Tische und um jeden Tisch stehen 4 Stühle.

h) Auf dem Dach des Kassenhäuschens sitzen 5 Vögel und auf dem Baum sitzen 9 Vögel.

i) Zwei Erwachsene und 3 Kinder stehen am Elefantengehege.

j) Im Wasser sind 6 Pinguine, am Beckenrand stehen 7 Pinguine.

Kugel Eis 60 Ct

ZOO

2 Schau dir das Zoobild auf den Seiten bei Aufgabe **1** noch einmal genau an!

▶ Schreibe die richtige Zahl in jede Lücke!

a) Der Luftballonverkäufer hat insgesamt _____ Ballons.

b) Ein Ballon kostet _____ €.

c) Der Eintritt für Erwachsene kostet _____ €.

d) Der Eintritt für Kinder kostet _____ €.

e) Vor dem Affengehege stehen _____ Kinder.

f) _____ Affen sitzen auf dem Boden und _____ Affen hängen am Seil.

g) Auf dem Baum sitzen _____ grüne Vögel und _____ blaue Vögel.

3 Im Zoo leben 3 Braunbären. Dann werden 2 Braunbär-babys geboren.

Welche Rechenfrage gehört zu dieser Aufgabe?

▶ Kreise sie rot ein und rechne sie aus!

a) Welche Farbe haben die Braunbären?

b) Wann werden die Braunbären gefüttert?

c) Wie groß ist das Gehege der Braunbären?

d) Wie viele Braunbären sind es jetzt?

e) Was frisst ein Braunbär?

f) Welcher ist der größte Braunbär?

Liebe Eltern!

Diese Lernhilfe soll Ihrem Kind helfen, Text- und Sachaufgaben zu verstehen und eigenständig zu lösen. Die Aufgaben bieten eine **Vertiefung** und **Ergänzung** zu den in der Schule behandelten Lernstoffen.

Die einzelnen Kapitel sind nach **Lehrplaninhalten** geordnet, können jedoch in einer individuell gewählten Reihenfolge bearbeitet werden.
Die Auswahl der Aufgaben aus dem direkten Erfahrungsbereich der Kinder soll ihnen die Verunsicherung im Umgang mit Textaufgaben nehmen und das Erkennen von Zusammenhängen erleichtern. Ergänzend dazu bieten Hilfsmittel wie Spielgeld und Spieluhr sowie Lineal oder Maßband bei entsprechenden Aufgaben sinnvolle Unterstützung.

Besonders schwierige Aufgaben sind mit einer Krone gekennzeichnet 👑 (**Königsaufgaben**). Die lila gekennzeichneten Aufgaben sind Abschluss-testaufgaben. Zwischendurch gibt es schöne Aufgaben zum Spaßhaben als kleine Pausen: 😀 .

In der Mitte des Übungsheftes befindet sich der **herausnehmbare Lösungsteil** mit vollständigen Lösungswegen und ausführlichen Erklärungen. Die Zwischenergebnisse sind grün und die Endergebnisse rot gekennzeichnet.

Liebe Schülerin, lieber Schüler!

Keine Angst vor Textaufgaben! Lies jede Aufgabe zuerst konzentriert durch. Schließe dann deine Augen und stell dir das, was in der Aufgabe passiert, genau vor. Meist wirst du feststellen, dass du schon einmal etwas Ähnliches erlebt hast.

Also los! Übung macht den Meister, das wirst du bald merken!
Lege dir zum Rechnen einen Rechenblock bereit. Der Platz reicht im Heft nicht immer.
Das **Rechenäffchen Coco** begleitet dich durch das ganze Übungsheft und gibt dir wertvolle Tipps. Wenn du diese befolgst und dich ein bisschen anstrengst, gelingt es dir bald, auch die Königsaufgaben zu lösen!

Viel Spaß und Erfolg!

Rechnen bis 20: Im Tierpark

1 Schau dir das Bild genau an! Sind die Sätze, die am Rand stehen, richtig oder falsch?

▶ Male richtige Sätze grün und falsche rot an!

a) Der Zoo ist von 8 Uhr – 20 Uhr geöffnet.

b) Eine Kugel Eis kostet 60 Cent.

c) An der Kasse stehen drei Jungen.

d) Im Wasser stehen 5 Flamingos.

e) 2 Affen turnen gerade auf der Leiter.

Ballon 3 €

Öffnungszeit
8.00–20.00Uhr

Eintritt
Erwachsene 4€
Kinder   2€

Die Lösung findest du im herausnehmbaren Lösungsteil nach Aufgabe **80**.

4 Welche Frage und Rechnung gehört zu welchem Bild?

▶ **Male** sie mit der **gleichen** Farbe des Bilderrahmens **an**!

Tipp: Einige Fragen und Rechnungen bleiben übrig!

| Wie viele Vögel sitzen insgesamt auf dem Ast? | $3 + 2$ |

$4 + 3$

$7 - 4$

| Wie viel kostet ein Luftballon? |

| Wie viele Vögel fliegen weg? |

$5 - 2$

| Wie viele Ballons hatte der Verkäufer vorher? | $10 + 2$ |

$3 - 2$

| Wie viel bekommt Paul zurück? |

$2 + 5$

| Wie viel müssen Mutter und Anne zusammen bezahlen? |

$2 + 8$

5 Im Streichelzoo sind 6 Ziegen und 9 Schafe.

▸ Wie viele Tiere sind es insgesamt?

Schreibe die Rechnungen und Antwortsätze
auf einen **Block**, wenn der Platz nicht reicht!

6 Im Zoo sind 5 Löwen, 4 Tiger und 3 Leoparden.

▸ Wie viele Raubkatzen sind es insgesamt?

7 Im Bärengehege sind 9 Bären. 3 gehen in ihre Höhle.

▸ Wie viele Bären sind noch draußen?

8 7 Schwäne sind im Wasser. 3 Schwäne fliegen weg.

▸ Wie viele Schwäne sind jetzt noch im Wasser?

9 Bei der Fütterung fressen die Schimpansen 8 Bananen
und die Gorillas 9 Bananen.

▸ Wie viele Bananen braucht der Tierpfleger für die
Fütterung?

10 Ein Stück Fleisch kostet 5 €. Ein Löwe frisst an einem
Tag 3 Stück.

▸ Wie viel muss der Zoo jeden Tag für das Fleisch bezahlen?

11 5 Enten fliegen weg. Jetzt schwimmen noch 14 Enten im
Bach.

▸ Wie viele Enten waren es vorher?

Diese Tiere siehst du auf dem großen Zoobild bei Aufgabe **1 nicht**. Aber mit der Hilfe des großen Zoobildes und des Rechenäffchens Coco kannst du herausfinden, wie viele von diesen Tieren im Zoo leben.

▶ Schreibe die passende Rechnung oder das Ergebnis in die Sprechblasen!

Es sind 2 Krokodile weniger als Affen.

_____

Es sind so viele Eisbären wie Elefanten und Giraffen zusammen.

_____

Wenn 4 Kamele weniger da wären, wären es 5 Kamele.

_____

Der Zoo hat genauso viele Zebras wie Flamingos.

_____

Es sind mehr Seehunde als Affen, aber weniger als Pinguine.

_____

▶ Trage jetzt das richtige Ergebnis in die Kästchen unter den Tieren ein!

13 Die Klasse 2a geht mit ihrer Lehrerin in den Zoo.
Es sind 6 Mädchen und 12 Jungen.
▶ Wie viele Kinder sind es zusammen?

14 In der Klasse 2b sind 18 Schüler. 5 Kinder schauen den
Affen zu, 3 Kinder beobachten die Elefanten. Die restlichen
Kinder der Klasse spielen auf dem Spielplatz.
▶ Wie viele Kinder der Klasse 2b sind auf dem Spielplatz?

15 Ina hat 10 € in ihrem Geldbeutel. Am Kiosk kauft sie sich
eine Tierfigur für 4 € und eine Postkarte für 1 €.
▶ Wie viel Geld hat sie noch übrig?

16 Nick kauft sich zwei Tierfiguren für je 3 € und ein
Tierpuzzle für 5 €.
▶ Wie viel muss er insgesamt bezahlen?

17 Julia zählt die Beine der Zebras. Sie zählt 20 Beine.
▶ Wie viele Zebras sind im Gehege?

18 Im Streichelzoo sind Ziegen und Enten. Alle zusammen haben 14 Beine.

▶ Wie viele Enten **und** Ziegen könnten es sein?
Finde alle Möglichkeiten durch **Ausprobieren** heraus!

19 Der Kioskbesitzer verkauft auch kleine Tierpostkarten für 1 € und große für 2 €. Max kauft sich für 5 € Tierpostkarten.

▶ Welche Tierpostkarten kann er sich kaufen?
Gib alle Möglichkeiten an!

20 Für Profis, die schon bis 100 rechnen können:

Im Seehundbecken schwimmen 6 große Seehunde und 4 Seehundbabys. Timmi und Simon schauen bei der Seehundfütterung zu. Jeder große Seehund frisst 10 Fische, jedes Seehundbaby frisst 5 Fische.

▶ Wie viele Fische fressen **alle zusammen**?

21 Jedes Tier steht für eine bestimmte Zahl.

▶ Finde heraus, welches Tier für welche Zahl steht!

🐰	+	🐰	=	16
🦔	+	🦔	=	🐰
🐰	+	🦔	=	🐧
🐧	−	🐟	=	🐟

	+		=	16
	+		=	
	+		=	
	−		=	

Rechnen bis 20: Kindergeburtstag

22 Peter richtet für seine Geburtstagsfeier den Geburtstags-
tisch her. Er hat **9 Freunde** eingeladen.

Tipp: Einige Aufgaben lassen sich nur mit Hilfe des Bildes lösen!

a) Peter und seine Freunde: Wie viele Kinder sind
   das insgesamt?

b) Vor 3 Jahren war Peter 5 Jahre alt.
   Wie alt ist er jetzt?

c) Jedes Kind braucht 1 Teller und 1 Becher.
   Wie viele Teller und Becher muss er noch auf den
   Tisch stellen?

d) Peter und seine Freunde bekommen jeder einen
   Luftballon. Wie viele Ballons muss er noch aufblasen?

e) Die ganze Torte hatte 16 Stücke.
   Wie viele wurden schon gegessen?

f) Jedes Kind soll 2 Waffeln bekommen.
   Wie viele Waffeln muss Mutter noch backen?

g) Jedes Kind bekommt 1 Schokokuss.
   Wie viele bleiben übrig?

h) Peter bekommt von jedem seiner 9 Freunde ein
   Geschenk, von seinen Eltern 3 Geschenke und von Oma
   2 Geschenke.
   Wie viele Geschenke bekommt Peter insgesamt?

i) Von seinen 8 Kerzen hat Peter nur die Hälfte ausgeblasen.
   Wie viele brennen noch?

Wie viele Gäste kommen?

23 Anna hat zu ihrer Geburtstagsfeier 5 Mädchen und
4 Jungen eingeladen.
▶ Wie viele Gäste hat Anna?

24 Marie will 10 Kinder einladen. 6 Einladungskarten hat
sie schon geschrieben.
▶ Wie viele muss sie noch schreiben?

25 Patrick hat 9 Freunde zu seiner Geburtstagsfeier
eingeladen. 2 davon haben keine Zeit.
▶ Wie viele kommen?

26 An Lisas Geburtstag kommen ihre 2 Omas, ihre
Patentante, ihr Lieblingsonkel und 6 Freundinnen.
▶ Wie viele Gäste hat Lisa?

27 Niki und ihre Freunde stellen sich Zahlenrätsel.

Partyeinkäufe

28 Lena kauft für ihre Party 2 Flaschen Saft und eine
Packung Kekse. (Sieh dir das Bild genau an!)
  ▶ Wie viel muss sie bezahlen?

29 Ben kauft eine Packung Schokoküsse, eine Packung Eis
und 3 Nusshörnchen.
  ▶ Wie viel kostet alles zusammen?

30 Timmi gibt 5 € aus. Was könnte er sich dafür kaufen?
  ▶ Finde 5 Möglichkeiten!

31 Sabrina hat 10 € dabei. Sie kauft eine Packung Eis.
  ▶ Wie viel Geld hat sie noch übrig?

32 Johannes hat 4 Gäste eingeladen. Er kauft für sich und
jeden Gast 2 Nusshörnchen.
  ▶ Wie viel muss er bezahlen?

Wie alt sind diese Kinder?

33 Tina freut sich auch schon auf ihren Geburtstag. Er ist am 17. Mai.

▸ Wie viele Tage muss Tina noch warten, wenn heute der 6. Mai ist?

34

Ich werde in 5 Jahren 14 Jahre alt.

Jan

▸ Wie alt ist Jan jetzt?

35 Peter ist 13 Jahre alt geworden. Seine Schwester Susi ist 3 Jahre jünger und sein Bruder Marco 3 Jahre älter.

▸ Wie alt sind Susi und Marco?

36 Michael und David sind gleich alt. Zusammen sind sie 18 Jahre. Finde die Rechenfrage, rechne und antworte.

37 Florian ist 5 Jahre, Tobias ist 4 Jahre, Uwe ist ein Jahr älter als beide zusammen.

38

Ich heiße Jana. Meine Schwester Eva ist 2 Jahre jünger als ich. Zusammen sind wir 10 Jahre alt.

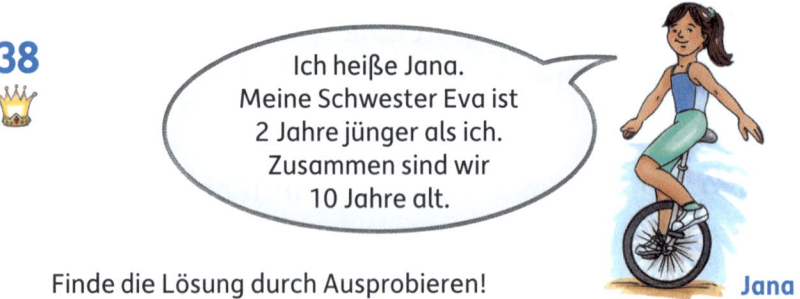

Jana

Finde die Lösung durch Ausprobieren!

Geschenke

39 Lena hat 20 € zum Geburtstag bekommen. Sie kauft sich einen Ball.
▶ Wie viel Geld hat sie noch übrig?

40 Amelie kauft sich eine Puppe und ein Buch.
▶ Wie viel muss sie bezahlen?

41 Timo kauft sich 2 Bälle.
▶ Überlege dir selbst eine passende Frage!
▶ Rechne!

42 Robin hat 15 €. Er kauft sich 2 Autos.
▶ Wie viel Geld hat er noch?

Rechnen bis 100: Geld

 In diesem Kapitel musst du **bis 100 rechnen** können! Verwende dein Rechengeld und lege die Aufgaben damit nach!

43
👑

Ich habe mehr Geld als du! Ich habe 6 Geldstücke. Du hast nur 1 Geldstück.

Ich habe trotzdem mehr Geld!

Micha

Anne

▶ Wer hat Recht, Micha oder Anne? Erkläre warum!

Tipp: Wechsle Annes 🪙-Stück in 🪙-Stücke und zeichne sie auf! Vergleiche dann ihr Geld mit Michas Geld.

44 Welche Geldstücke brauchst du, um zu bezahlen? Nimm möglichst wenige Geldstücke. Trage ein:

	1€	50	20	10	5	2	1
47 ct	Schreibe so: 0	0	2	0	1	1	0
54 ct							
82 ct							
100 ct							
27 ct							

45 Welches Sparschwein gehört zu welchem Kind?

▶ Folge den Linien und kreise die Sparschweine in den entsprechenden Farben ein!

▶ Welches Kind hat am meisten gespart? Kreise es ein!

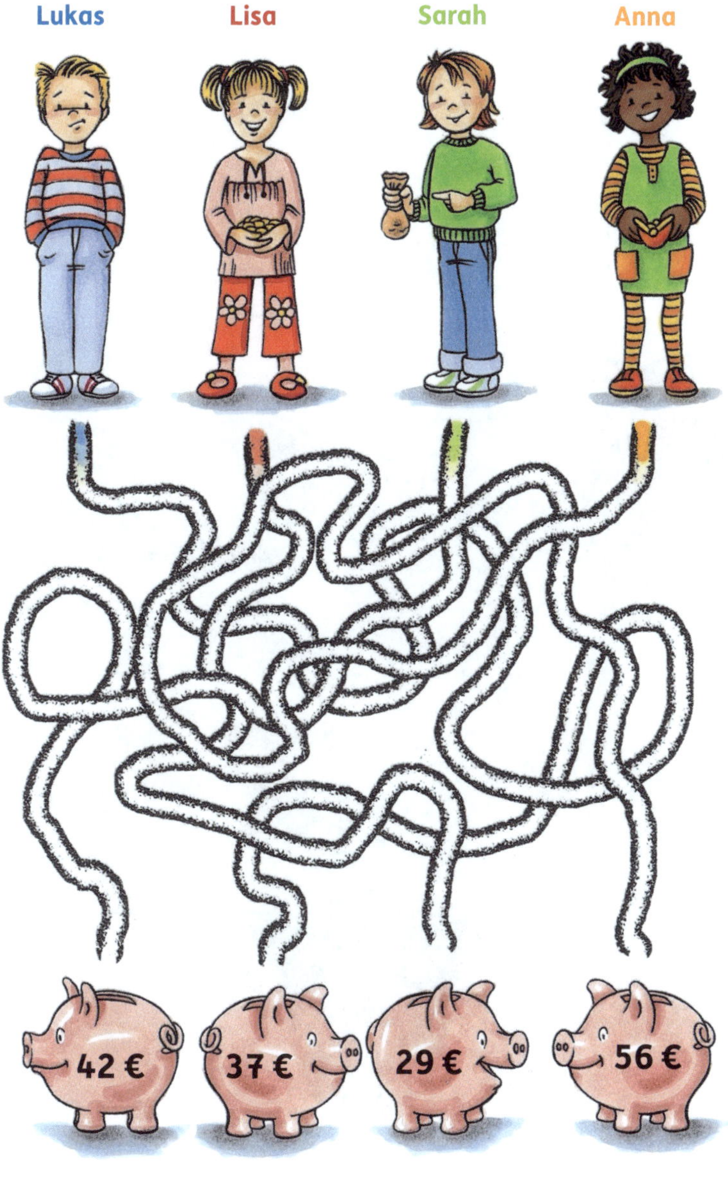

Lukas   Lisa   Sarah   Anna

42 €   37 €   29 €   56 €

46 Julia und ihre 3 Freundinnen Anja, Laura und Kirsten vergleichen ihr Geld.

a) Wie viel Geld hat jedes Mädchen?
Tipp: Streiche die Geldstücke durch, die du schon gezählt hast!

b) Wer hat am meisten Geld, wer am wenigsten?

c) Ordne die Geldbeträge der Größe nach!
Beginne mit dem kleinsten Geldbetrag!

_____ < _____ < _____ < _____

d) Wie viel Geld hat Anja mehr als Kirsten?

e) Wie viel muss Julia noch sparen, damit sie genauso viel Geld hat wie Laura?

f) Kirsten will sich für 1 Euro ein Eis kaufen.
Wie viel Geld braucht sie noch?

> **Merke:** 1 Euro = 100 Cent
> 1 € = 100 ct

47 Hilf dem Osterhasen beim Eierfärben. In jeder Reihe von links nach rechts ↔ und in jeder Spalte von oben nach unten ↕ darf jede Farbe nur einmal vorkommen:

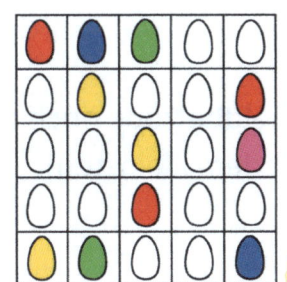

48 Wie viel Geld ist das?

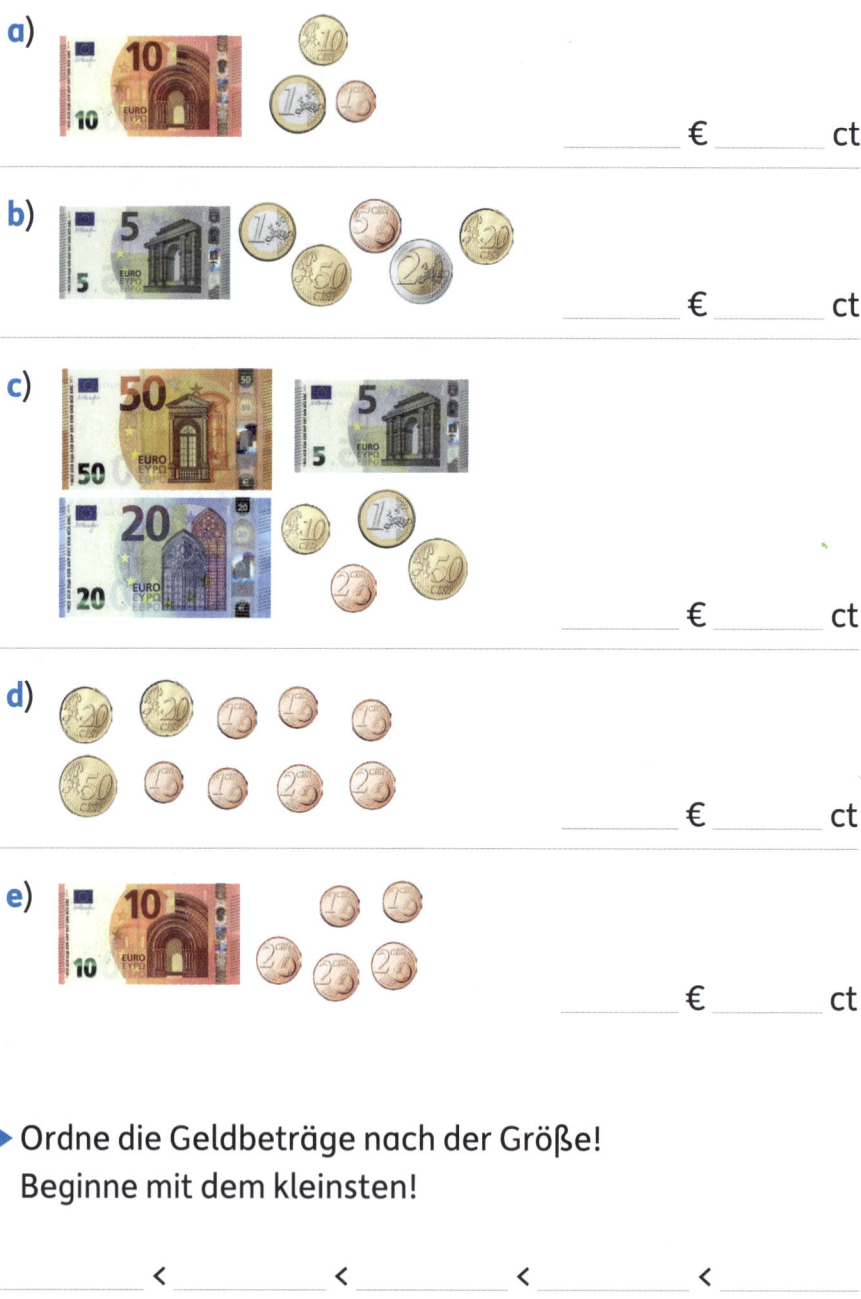

a) _____ € _____ ct

b) _____ € _____ ct

c) _____ € _____ ct

d) _____ € _____ ct

e) _____ € _____ ct

▸ Ordne die Geldbeträge nach der Größe!
Beginne mit dem kleinsten!

_____ < _____ < _____ < _____ < _____

49 Tim möchte sich ein Buch für 20 € kaufen.
Er will **nur** mit **Geldscheinen** bezahlen.

▶ Welche 4 Möglichkeiten gibt es?
▶ Zeichne die Geldscheine in die Geldsäckchen!

50 Wie viel Geld bekommst du zurück? Rechne!

Preis	gegeben	Rechnung
14 € ✒️	50	
26 € 🧒	20 20	
49 € ⛸️	100	

51 Lisa, Marie und Sarah vergleichen den Inhalt ihrer Sparschweine. Lisa hat 37 € gespart, Marie 43 € und Sarah 31 €.

a) Wie viel Geld hat Lisa mehr als Sarah gespart?

b) Wie viel Geld hat Marie mehr als Lisa?

c) Wie viel Geld hat Sarah weniger als Marie?

52 Die Brüder Ben und Tom wollen sich ein Buch für 28 € kaufen. Von ihrer Oma bekommen sie 10 €. Den Rest bezahlt jeder zur Hälfte.

▶ Wie viel Geld muss jeder noch aus seinem Sparschwein nehmen?

53 Lena, Tim und Marcel besuchen mit Oma und Opa das Kindertheater. Für Kinder kostet der Eintritt 5 Euro, Erwachsene zahlen 7 Euro.

▶ Wie viel kostet der Eintritt für alle zusammen?

54 Marie hat in ihrer Spardose 3 Fünf-Euro-Scheine und doppelt so viele Zehn-Euro-Scheine.

▶ Wie viel Geld ist in ihrer Spardose?

55 Kannst du das Einmaleins? 5 Drachen kosten 25 €.

▶ Wie viel kostet 1 Drachen?
▶ Wie viel kosten 4 Drachen?

56 In welcher Schatztruhe ist das Gold der See-räuber versteckt?

▶ Wenn du von der Startzahl 1 immer 4 dazuzählst, findest du die richtige Schatztruhe.
▶ Zeichne den Weg ein! Kreise die richtige Schatztruhe ein!

Sicher hast du beim Einkaufen die Preise schon in dieser
Schreibweise gesehen.
So kannst du sagen:

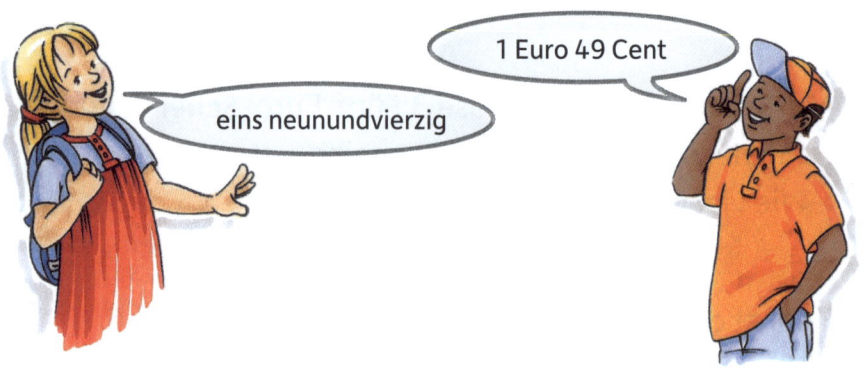

57 Zeichne das Geld, das du für die Gummibärchen
bezahlen musst, auf!
Verwende nur folgende verschiedene Geldstücke:

58 Trage die Geldbeträge richtig in die Tabelle ein!

	1 €	10 ct	1 ct	Merke:
1,35 €				Das **Komma** trennt Euro und Cent.
5,28 €				
0,99 €				Das **Komma** steht vor dem Centbetrag.
2,05 €				
0,07 €				Gibt es keine 10 ct, steht hinter dem Komma **0**!

So geht es leichter: Skizzen als Lösungshilfen

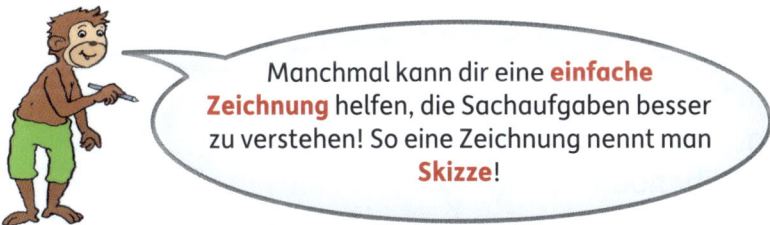

Manchmal kann dir eine **einfache Zeichnung** helfen, die Sachaufgaben besser zu verstehen! So eine Zeichnung nennt man **Skizze**!

59 Welche der Zeichnungen unten passt zu Nikis Geschichte?
▶ Kreise die richtige Zeichnung ein.

Ich hätte gerne 2 Pizzas, ein Hörnchen und einen Saft.

Niki

a)

b)

c)

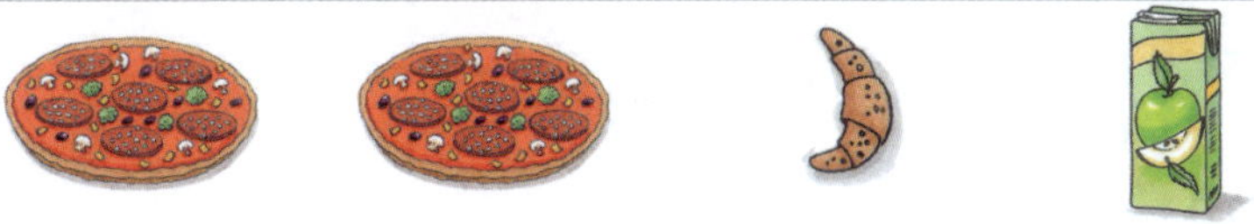

Pizza: .... 3 €		Saft: .... 2 €
Hörnchen: .... 2 €		Wasser: .... 1 €

▶ Rechne aus, wie viel Niki bezahlen muss!

60 Welche Rechengeschichte passt zu welcher Skizze?

▶ Male sie mit der gleichen Farbe an!

▶ Schreibe dann neben die **Skizze** eine passende **Rechnung**!

Carina hat 27 € gespart. Oma schenkt ihr noch 5 € und Opa 3 €.

Sven kauft 2 Bücher für je 5 € und 3 Stifte für je 1 €.

Im Sparschwein sind 27 €. Maxi spart noch 3 €. Dann kauft er sich ein Spiel für 5 €.

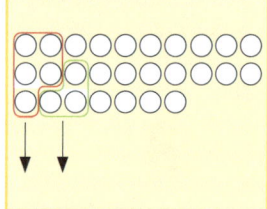

Robin hat 27 € gespart. Davon kauft er sich einen Ball für 5 € und ein Auto für 3 €.

In der Eisdiele kaufen 5 Kinder je 2 Kugeln Eis und 3 Kinder je 1 Kugel.

61 Beim Sportfest warf Lilly 13 m. Sarah schaffte 4 m mehr.

▶ Kreise alle Bilder ein, die zu dieser Rechengeschichte passen!

 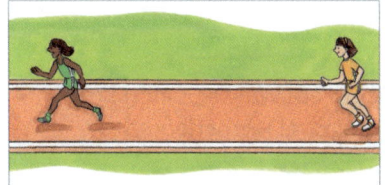 

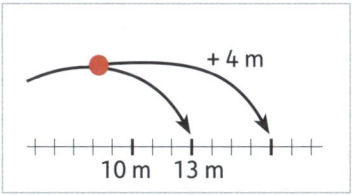 

Nicht alle Bilder, die zur Rechengeschichte oben passen, sind sinnvolle Skizzen.

▶ Zeichne die Skizze, die dir beim Lösen der Rechengeschichte am meisten **hilft**, ab.

▶ Löse jetzt die Aufgabe! Wie weit hat Sarah geworfen?

**Mache zu jeder Aufgabe (62-67) sinnvolle Skizzen!
Zeichne möglichst einfach! Rechne jede Aufgabe!**

62 Im Kino sitzen 11 Kinder. Es kommen noch 3 Mädchen und 5 Jungen dazu.

▶ Wie viele Kinder sind jetzt im Kino?

63 a) Wie viel muss Peter bezahlen? b) Wie viel bezahlt Marie?

Pizza: .... 3 €   Saft: .... 2 €

Hörnchen: .... 2 €   Wasser: .... 1 €

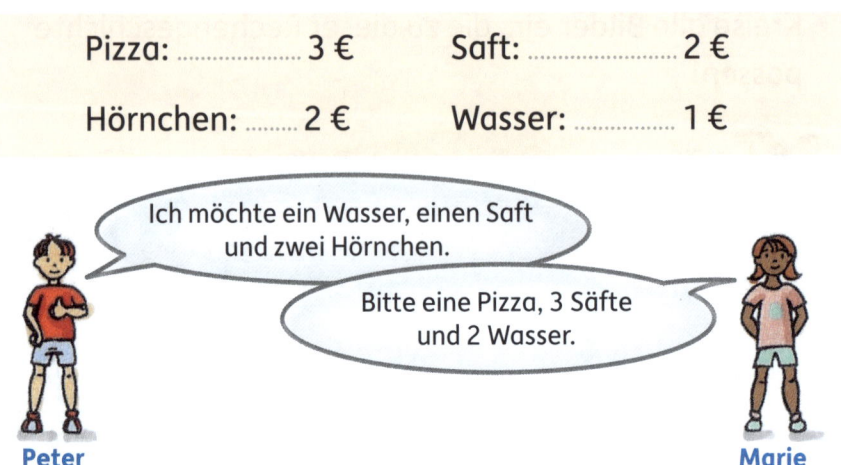

Ich möchte ein Wasser, einen Saft und zwei Hörnchen.

Bitte eine Pizza, 3 Säfte und 2 Wasser.

Peter   Marie

64 Marcel hat 31 € gespart. Zum Geburtstag bekommt er von seiner Tante 10 € und von Oma auch 10 €.
▶ Wie viel Geld hat Marcel jetzt?

65 Die Lehrerin kauft 3 Bücher für je 8 €, ein Lineal für 3 € und einen Füller für 5 €.
▶ Wie viel muss sie bezahlen?

66 Susi hat 15 €. Davon kauft sie sich eine Tasche für 4 € und einen Schal für 7 €.
▶ Wie viel Geld bleibt ihr übrig?

67 Im Bus sitzen 14 Leute. An der 1. Haltestelle steigen 5 Leute aus und an der 2. Haltestelle 3 ein.
▶ Wie viele Leute sitzen nun im Bus?

68 An der Bushaltestelle stehen 5 Busse hintereinander. Ein Bus ist 12 m lang. Zwischen den Bussen ist jeweils 1 m Abstand.
▶ Wie lang ist die ganze Busreihe? (Sieh dir die Skizze an!)

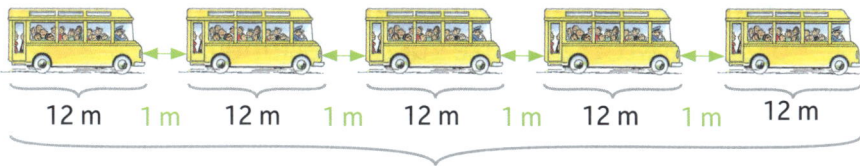

| 12 m | 1 m | 12 m | 1 m | 12 m | 1 m | 12 m | 1 m | 12 m |

69 Im Sportunterricht stellt die Lehrerin Fahnen entlang einer Linie auf. Alle Fahnen sind 10 Meter voneinander entfernt. Marie läuft von der ersten bis zur sechsten Fahne.
▶ Wie weit ist sie gelaufen?

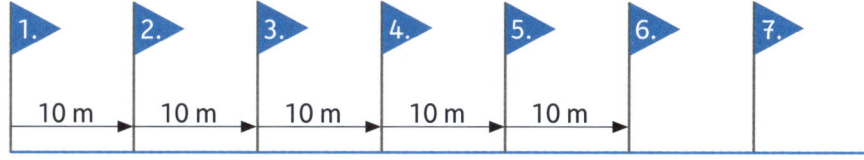

Zeichne zu den Aufgaben 70 und 71 eine Skizze und rechne.

70 An der Ampel stehen 7 Autos direkt hintereinander. Davon sind 3 Autos je 4 Meter lang. 4 Autos sind je 3 Meter lang.
▶ Wie lang sind alle Autos zusammen?

71 An einer Straße stehen Bäume. Die Bäume sind immer 15 Meter voneinander entfernt.
▶ Wie weit ist es vom **zweiten** bis zum **fünften** Baum?

Tabellen als Lösungshilfen

72 Carina hat 3 €.
▶ Wie viele Kugeln Eis kann sie sich kaufen, wenn 1 Kugel
70 Cent kostet? Ergänze zuerst die Tabelle.

Tabelle:

| 70 ct | 1,40 € | | | 4,20 € | 4,90 € |

73 In der Klasse 2a sind 12 Mädchen und 9 Jungen, in der
Klasse 2b sind 8 Mädchen und 14 Jungen, in der Klasse 2c
sind 11 Mädchen und 11 Jungen.

a) Wie viele Kinder sind in jeder Klasse?

b) Wie viele Mädchen sind insgesamt in allen 2. Klassen?
Wie viele Jungen sind insgesamt in allen 2. Klassen?

c) Wie viele Kinder sind es in allen 2. Klassen insgesamt?

Tipp: Trage alle Zahlen in die Tabelle unten ein!

	2a	2b	2c
Mädchen			
Jungen			

74 An fünf Stellen hat sich das Bild unten verändert.

 ▶ Kreise sie ein!

Längenmaße: Messen und rechnen

Damit du dir die Längen besser vorstellen kannst, besorge dir ein Maßband oder einen Zollstock und ein Lineal.

75 Paul und sein kleiner Bruder Jan streiten, wer von ihnen weiter gesprungen ist. Beide messen mit ihren Füßen ab.

Ich bin Sieger, weil ich 11 Schritte gesprungen bin und du nur 10 Schritte.

Ich bin aber trotzdem weiter gesprungen als du!

▶ Hat Paul Recht? Erkläre warum!

In früheren Zeiten haben die Menschen mit Füßen, Beinen oder Armen gemessen. Aber weil nicht alle Leute gleich groß waren, war das zu ungenau!

Heute messen wir zum Beispiel mit einem Lineal, einem Zollstock oder Metermaß. Darauf können wir genau ablesen, wie viele **m (Meter)** und **cm (Zentimeter)** etwas lang ist.

Das Messgerät musst du immer bei 0 anlegen! Wichtig: **1 m = 100 cm**

76 Lies ab, wie lang diese Dinge sind und schreibe auf!

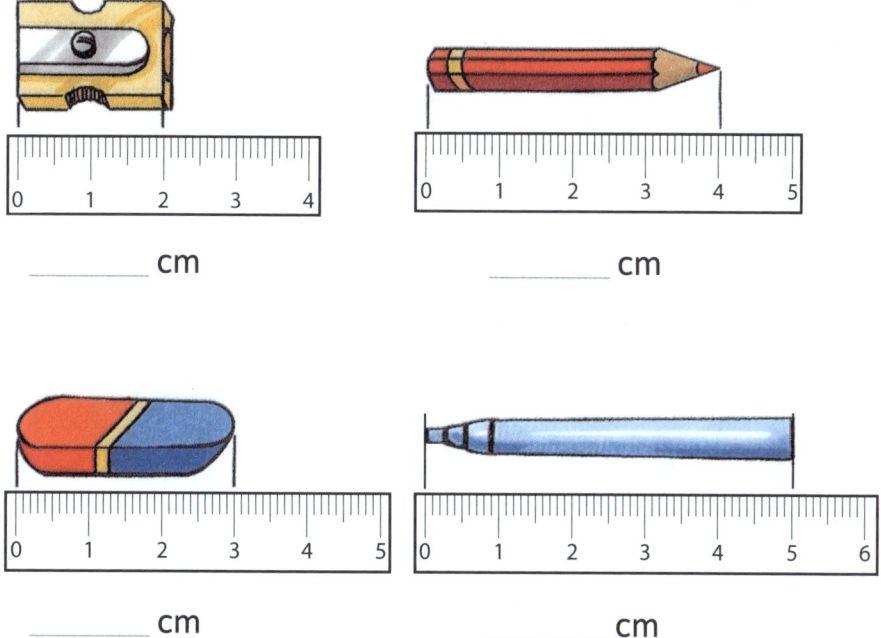

_____ cm

_____ cm

_____ cm

_____ cm

77 Wie lang sind die Nägel? Miss mit deinem eigenen Lineal!
Denke daran: Lege den **Nullpunkt** genau an den Anfang!

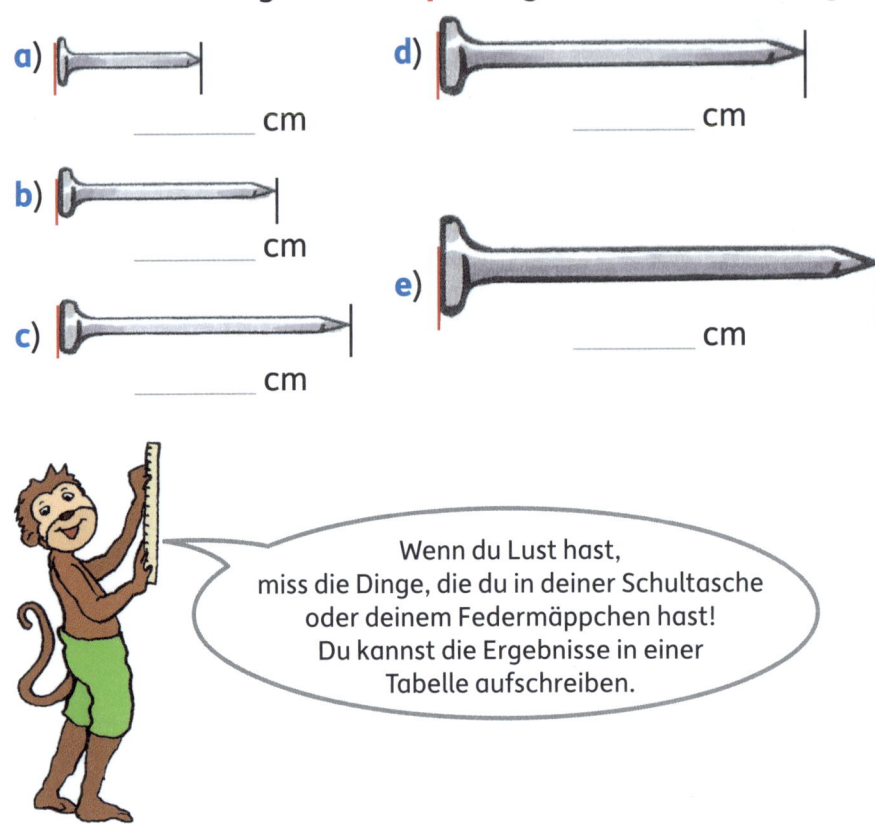

a) _____ cm

d) _____ cm

b) _____ cm

c) _____ cm

e) _____ cm

Wenn du Lust hast,
miss die Dinge, die du in deiner Schultasche
oder deinem Federmäppchen hast!
Du kannst die Ergebnisse in einer
Tabelle aufschreiben.

78 Zähle zusammen! Schreibe das Ergebnis auf die Linien!

3 cm + 4 cm = _____   6 cm + 15 cm = _____

7 cm – 5 cm = _____   37 cm – 8 cm = _____

24 cm + 9 cm + 13 cm = _____

54 cm – 15 cm – 4 cm = _____

79 Wie weit ist der Weg zum Blatt?

▶ Nimm ein Lineal und miss die Strecken nach!

▶ Schreibe die Längen in die Tabelle unten und zähle zusammen!

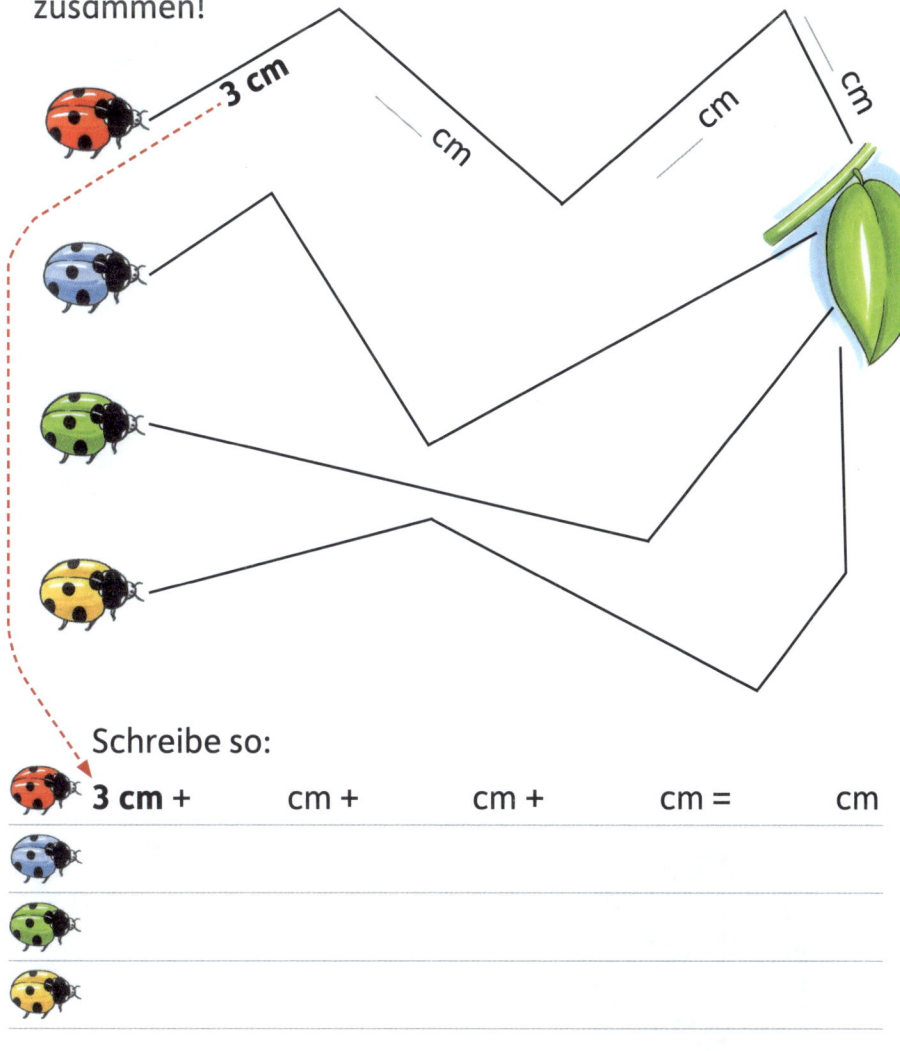

3 cm

cm

cm

cm

Schreibe so:

3 cm +   cm +   cm +   cm =   cm

▶ Welcher Käfer hat den längsten, welcher den kürzesten Weg zum Blatt? Male den kürzesten Weg mit einem **roten** Stift, den längsten Weg mit einem **blauen** Stift nach!

80 Was kann in Wirklichkeit ungefähr 1 m groß sein?

▶ Kreise ein!

81 Wie lang oder hoch sind diese Dinge in Wirklichkeit?
▶ Ordne richtig zu! Verbinde!

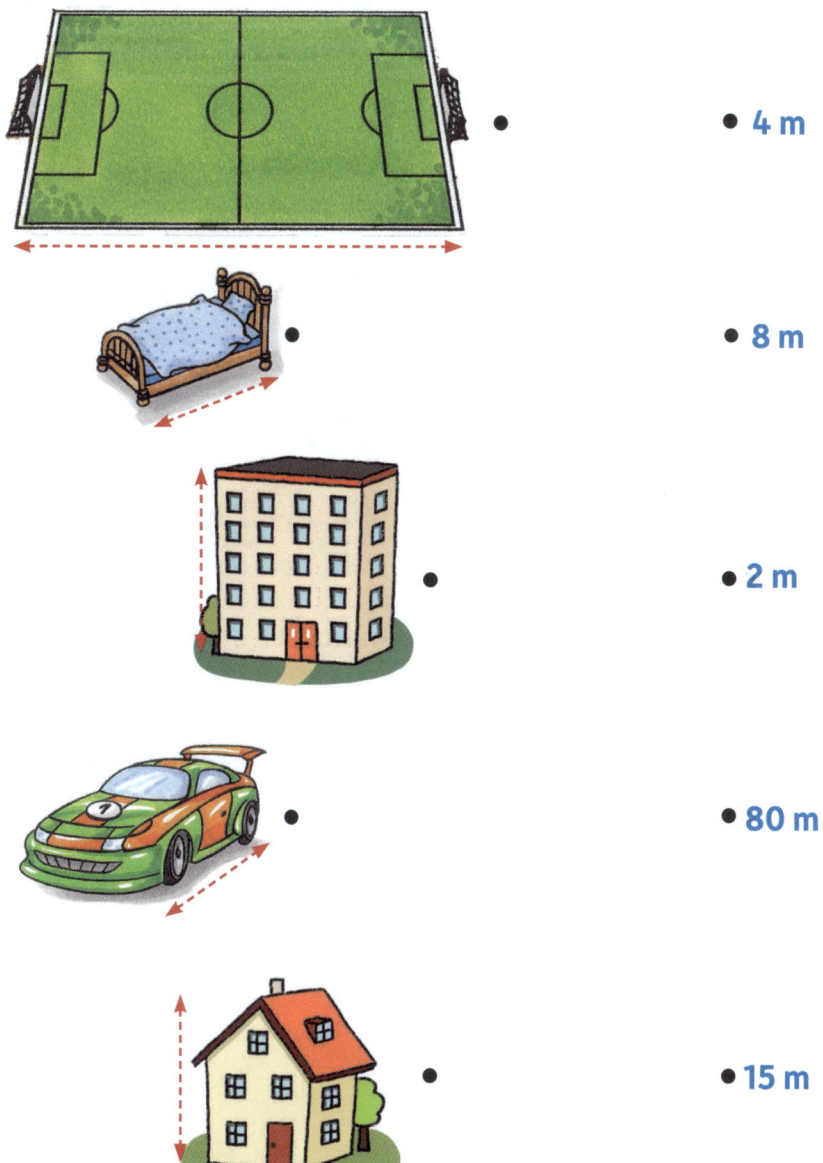

4 m

8 m

2 m

80 m

15 m

82 ▸ Lies den Text genau durch!

▸ Setze die Längen, die im blauen Kasten stehen, in die
richtige Lücke ein!

50 m	**1 m 30 cm**	**27 m**	**2 m 80 cm**

Jakob geht in die 2. Klasse und ist _____ groß.

Er ist ein guter Sportler. Er kann _____ weit werfen und

_____ weit springen.

Beim Laufen braucht er 9 Sekunden für _____.

Textaufgaben

2. Klasse

Lösungen

Dieser Lösungsteil ist herausnehmbar!
Klammern in der Mitte des Heftes öffnen!

1 richtig: **a, b, d, f, h**   falsch: **c, e, g, i, j**

2 **a)** Der Luftballonverkäufer hat insgesamt **15** Ballons.

b) Ein Ballon kostet **3** €.

c) Der Eintritt für Erwachsene kostet **4** €.

d) Der Eintritt für Kinder kostet **2** €.

e) Vor dem Affengehege stehen **5** Kinder.

f) **5** Affen sitzen auf dem Boden und **2** Affen hängen am Seil.

g) Auf dem Baum sitzen **2** grüne Vögel und **3** blaue Vögel.

3 **d)** Wie viele Braunbären sind es jetzt?

3 + 2 = **5** $\longrightarrow$ Es sind jetzt **5** Braunbären.

4
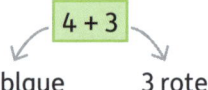

Wie viele Vögel sitzen insgesamt auf dem Ast?

4 + 3

4 blaue   3 rote

Wie viele Ballons hatte der Verkäufer vorher?

2 + 8

hat er an Kind verkauft   hat Verkäufer noch

Wie viel müssen Mutter und Anne zusammen bezahlen?

3 + 2

Mutter 3 €   Anne 2 €

Wie viel bekommt Paul zurück?

5 − 2

5 € gibt Paul her   2 € kostet die Karte

5 6 (Ziegen) + 9 (Schafe) = **15** $\longrightarrow$ **15 Tiere** sind es insgesamt.

6 5 (Löwen) + 4 (Tiger) + 3 (Leoparden) = **12**
12 Raubkatzen sind es insgesamt.

7 9 (Bären) – 3 (gehen in die Höhle) = **6** $\longrightarrow$ **6 Bären** sind noch draußen.

8 7 (im Wasser) – 3 (fliegen weg) = **4** $\longrightarrow$ **4 Schwäne** sind noch im Wasser.

9 8 (für Schimpansen) + 9 (für Gorillas) = **17**
17 Bananen braucht der Tierpfleger für die Fütterung.

10 5 € + 5 € + 5 € = **15 €**
15 € muss der Zoo jeden Tag für das Fleisch bezahlen.

11 19 (vorher im Bach) – 5 (fliegen weg) = 14 (schwimmen noch im Bach)
oder:
14 (schwimmen noch im Bach) + 5 (fliegen weg) = **19**
19 Enten waren es vorher.

12

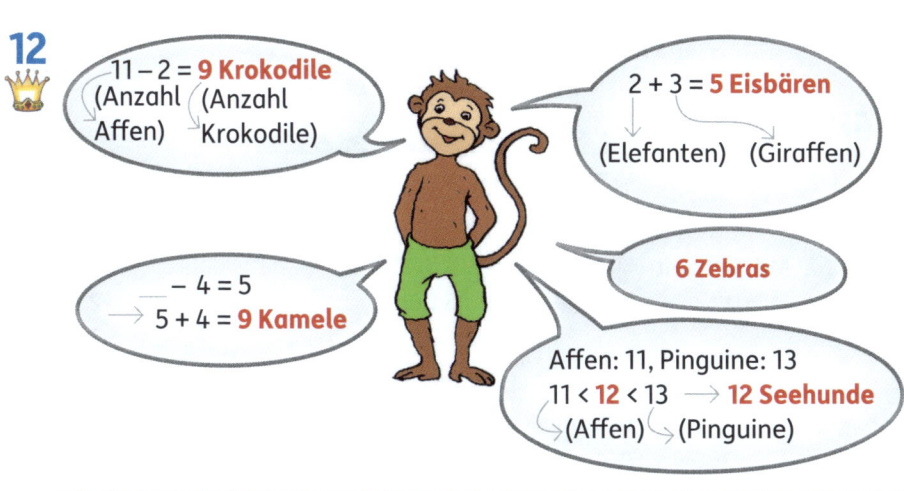

11 – 2 = **9 Krokodile**
(Anzahl   (Anzahl
Affen)   Krokodile)

2 + 3 = **5 Eisbären**
(Elefanten)   (Giraffen)

6 Zebras

 – 4 = 5
$\longrightarrow$ 5 + 4 = **9 Kamele**

Affen: 11, Pinguine: 13
11 < **12** < 13 $\longrightarrow$ **12 Seehunde**
(Affen)   (Pinguine)

| 9 | 12 | 9 | 6 | 5 |

13 6 (Mädchen) + 12 (Jungen) = **18** $\longrightarrow$ **18 Kinder** sind es zusammen.

14 5 + 3 = **8** (Kinder, die Tiere beobachten)
18 (Kinder insgesamt) − 8 = **10** $\longrightarrow$ **10 Kinder** sind auf dem Spielplatz.

15 4 € + 1 € = **5 €** (kosten Tierfigur und Postkarte zusammen)
10 € − **5 €** = **5 €**
oder: 10 € − 4 € (Tierfigur) = 6 €
6 € − 1 € (Postkarte) = **5 €** $\longrightarrow$ **5 €** hat sie noch übrig.

16

Puzzle

3 € + 3 € + 5 € = **11 €** $\longrightarrow$ **11 €** muss er insgesamt bezahlen.

17

oder: 20 : 4 = **5**

20 (Beine) = 4 + 4 + 4 + 4 + 4

$\longrightarrow$ **5 Zebras** sind im Gehege.

18 1. Möglichkeit:

4 Beine + 10 Beine = 14 Beine $\longrightarrow$ **1** Ziege + **5** Enten

2. Möglichkeit:

8 Beine + 6 Beine = 14 Beine $\longrightarrow$ **2** Ziegen + **3** Enten

3. Möglichkeit:

12 Beine + 2 Beine = 14 Beine $\longrightarrow$ **3** Ziegen + **1** Ente

19 5 € = **1€ + 1€ + 1€ + 1€ + 1€** $\longrightarrow$ **5** kleine Karten
5 € = **2€ + 1€ + 1€ + 1€** $\longrightarrow$ **1** große Karte + **3** kleine Karten
5 € = **2€ + 2€ + 1€** $\longrightarrow$ **2** große Karten + **1** kleine Karte

20

10 Fische + 10 Fische + 10 Fische + 10 Fische + 10 Fische + 10 Fische

= **60 Fische**

(= 6 · 10 Fische)

5 Fische + 5 Fische + 5 Fische + 5 Fische = **20 Fische** (= 4 · 5 Fische)

60 (Fische) + 20 (Fische) = **80** ⟶ **80 Fische** fressen alle zusammen.

21

🐰	+	🐰	=	16
🦔	+	🦔	=	🐰
🐰	+	🦔	=	🐧
🐧	−	🐟	=	🐟

8	+	**8**	=	16
4	+	**4**	=	8
8	+	4	=	**12**
12	−	**6**	=	6

22 **a)** 9 (Freunde) + 1 (Peter) = **10** ⟶ **10** Kinder sind es insgesamt.

b) 5 (Jahre) + 3 (Jahre) = **8** ⟶ **8** Jahre ist Peter jetzt alt.

c) 7 Teller (stehen schon auf dem Tisch) + __ = 10 Teller
⟶ 7 + **3** = 10   **oder**: 10 − 7 = **3**
4 Becher (stehen schon auf dem Tisch) + __ = 10 Becher
⟶ 4 + **6** = 10   **oder**: 10 − 4 = **6**
Er muss noch **3 Teller** und **6 Becher** auf den Tisch stellen.

d) 6 Ballons (sind schon aufgeblasen) + __ = 10 Ballons
⟶ 10 − 6 = **4** ⟶ **4 Ballons** muss er noch aufblasen.

e) 16 (insgesamt) − 13 (noch da) = **3** ⟶ **3 Stück Torte** wurden gegessen.

f) Wenn jedes Kind **1** Waffel isst, braucht man 10 Waffeln.
Wenn jedes Kind **2** Waffeln isst, braucht man **doppelt** so viele.
⟶ **20 Waffeln**   **(Auf der nächsten Seite geht's weiter.)**

20 – 10 (Waffeln schon gebacken) = **10**
10 Waffeln muss Mutter noch backen.

g) 15 (Schokoküsse in der Packung) – 10 (für jedes Kind einen) = **5**
5 Schokoküsse bleiben übrig.

h) 9 + 3 + 2 = **14** $\longrightarrow$ **14 Geschenke** bekommt Peter insgesamt.

i) Die Hälfte von 8 = **4** $\longrightarrow$ **4 Kerzen** hat er ausgeblasen.
4 Kerzen brennen noch.

23 5 + 4 = **9** $\longrightarrow$ **9 Gäste** hat Anna.

24 10 – 6 (schon geschrieben) = **4** $\longrightarrow$ **4 Karten** muss sie noch schreiben.

25 9 – 2 (haben keine Zeit) = **7** $\longrightarrow$ **7 Freunde** kommen.

26 2 (Omas) + 1 (Tante) + 1 (Onkel) + 6 (Freundinnen) = **10**
Lisa hat **10 Gäste**.

27

9 + 9 = **18**

14 + 3 = **17**

19 – 5 = **14**

6 + 6 = **12**
12 + 2 = **14**

28

2 € + 2 € +   3 €   = **7 €** $\longrightarrow$ **7 €** muss sie bezahlen.

29

2 € + 5 € + 1 € + 1 € + 1 € = **10 €**

10 € kostet alles zusammen.

30 Diese Möglichkeiten hat Timmi, wenn er 5 € ausgibt:

5 € $\rightarrow$ **1 Eis**   5 € $\rightarrow$ **5 Hörnchen** (1 € + 1 € + 1 € + 1 € + 1 €)

5 € = 2 € + 3 €
      $\downarrow$ + $\downarrow$
      Saft + **Kekse**
oder: **Schoküsse** + **Kekse**

5 € = 3 € + 1 € + 1 €
      $\downarrow$ + ⏜
      Kekse + **2 Hörnchen**

5 € = 2 € + 2 € + 1 €
      $\downarrow$ + $\downarrow$ + $\downarrow$
      Saft + **Saft** + **Hörnchen**
oder: **Saft** + **Schoküsse** + **Hörnchen**
oder: **Schoküsse** + **Schoküsse** + **Hörnchen**

5 € = 2 € + 1 € + 1 € + 1 €
      $\downarrow$ + ⏜
      Saft + **3 Hörnchen**
oder: **Schoküsse** + **3 Hörnchen**

31 10 € − 5 € (Eis) = **5 €** $\rightarrow$ **5 €** hat sie noch übrig.

32 4 (Gäste) + 1 (Johannes) = 5 (Kinder)

Jedes Kind 2 Nusshörnchen $\rightarrow$ 2 + 2 + 2 + 2 + 2 = **10** (Nusshörnchen)
1 Nusshörnchen: 1 € $\rightarrow$ 10 Nusshörnchen: **10 €**
10 € muss er bezahlen.

33 vom 6. bis 17. $\rightarrow$ 6 + **11** = 17

Tina muss noch **11 Tage** auf ihren Geburtstag warten.

34 **9** + 5 = 14   **oder**: 14 − 5 = **9** $\rightarrow$ Jan ist **9 Jahre** alt.

35 13 (Peter) − 3 (jünger) = **10**   ⟶ **10 Jahre** ist Susi alt.
13 (Peter) + 3 (älter) = **16**   ⟶ **16 Jahre** ist Marco alt.

36 **Wie alt sind beide Jungen?**

Michael + David

zusammen 18 Jahre   ⟶   18 = **9** + **9**
Beide sind **9 Jahre** alt.

37 **Wie alt ist Uwe?**

5 + 4 = **9** (Jahre zusammen)   9 + 1 (Jahr älter) = **10**
Uwe ist **10 Jahre** alt.

38 **Wie alt sind Jana und Eva?**

Jana und **Eva** sind zusammen 10 Jahre alt.
Wenn Jana 2 Jahre älter ist, war sie 2 Jahre alt, als Eva geboren wurde.
⟶ Sie war 3, als Eva 1 Jahr alt war.

	Jana	Eva	
	3 Jahre	1 Jahr	⟶ zusammen 4 Jahre alt
1 Jahr später	4 Jahre	2 Jahre	⟶ zusammen 6 Jahre alt
1 Jahr später	5 Jahre	3 Jahre	⟶ zusammen 8 Jahre alt
1 Jahr später	**6** Jahre	**4** Jahre	⟶ zusammen 10 Jahre alt

Jana ist **6 Jahre**, **Eva** ist **4 Jahre** alt.

39 20 € − 4 € = **16 €**
16 € hat sie noch übrig.

40 12 € + 6 € = **18 €**
18 € muss sie bezahlen.

41 **Wie viel muss Timo bezahlen?**

4 € + 4 € = **8 €**
8 € muss er bezahlen.

42 7 € + 7 € = **14 €** (kosten 2 Autos)
15 € − 14 € = **1 €**

Er hat noch **1 €**.

43 **Anne** hat Recht.
Micha hat 6 🪙-Stücke. Anne hat 1 € = 10 🪙-Stücke = 100 ct.
100 ct > 60 ct (100 Cent sind mehr als 60 Cent.)
Anne hat mehr Geld.

44

	1 €	50 ct	20 ct	10 ct	5 ct	2 ct	1 ct
47 ct	0	0	2	0	1	1	0
54 ct	0	1	0	0	0	2	0
82 ct	0	1	1	1	0	1	0
100 ct	1	0	0	0	0	0	0
27 ct	0	0	1	0	1	1	0

45

29 € < 37 € < 42 € < 56 €
(Lisa) (Lukas) (Sarah) (Anna)

Anna hat am **meisten** gespart.

46 a) Julia: ~~77 Cent~~, Kirsten: ~~79 Cent~~, Anja: **86 Cent**, Laura: **100 Cent** = 1 €

b) **Laura** hat am **meisten** Geld (100 ct).
   Julia hat am **wenigsten** Geld (~~77~~ ct).

c) ~~77~~ Cent < ~~79~~ Cent < **86** Cent < **100** Cent

d) 86 Cent – 79 Cent = **7 Cent** ⟶ Anja hat **7 Cent** mehr als Kirsten.

e) ~~77~~ Cent + **23 Cent** = 100 Cent
   oder: 100 Cent – ~~77~~ Cent = **23 Cent** ⟶ Julia muss noch **23 Cent** sparen.

f) ~~79~~ Cent + **21 Cent** = 100 Cent (1 €)
   oder: 100 Cent – ~~79~~ Cent = **21 Cent** ⟶ Kirsten braucht noch **21 Cent**.

47

48 a) 11 € 11 ct   b) 8 € ~~7~~5 ct   c) ~~7~~6 € 62 ct
d) 0 € 99 ct   e) 10 € 8 ct

Geordnet:
0 € 99 ct < 8 € ~~7~~5 ct < 10 € 8 ct < 11 € 11 ct < ~~7~~6 € 62 ct

49

50   50 € – 14 € = 36 €   ⟶   36 € bekommst du zurück.

   40 € – 26 € = 14 €   ⟶   14 € bekommst du zurück.

   100 € – 49 € = 51 €   ⟶   51 € bekommst du zurück.

51 a) 37 € (Lisa) – 31 € (Sarah) = 6 €
   Lisa hat 6 € mehr als Sarah.

   b) 43 € (Marie) – 37 € (Lisa) = 6 €
   Marie hat 6 € mehr als Lisa.

   c) 43 € (Marie) – 31 € (Sarah) = 12 €
   Sarah hat 12 € weniger als Marie.

52 28 € – 10 € (von Oma) = 18 € (so viel brauchen sie zusammen)
18 € : 2 (Ben und Tom) = 9 €   **oder**: 18 € = 9 € + 9 €

Beide müssen jeweils 9 € aus ihrem Sparschwein nehmen.

53

5 €   +   5 €   +   5 €   +   7 €   +   7 €   =   29 €

29 € kostet der Eintritt für alle zusammen.

54 

54 5€ + 5€ + 5€ = **15 €**   **oder**: 3 · 5€ = **15 €**

Das Doppelte von 3 ist 6.

10€ + 10€ + 10€ + 10€ + 10€ + 10€ = **60 €**

oder: 6 · 10€ = **60 €**

zusammen: 15 € + 60 € = **75 €**

Marie hat in ihrer Spardose **75 €**.

55 25 € : 5 (Drachen) = **5 €**   → Ein Drachen kostet **5 €**.
    5 € · 4 (Drachen) = **20 €**   → Vier Drachen kosten **20 €**.

56

57

58

	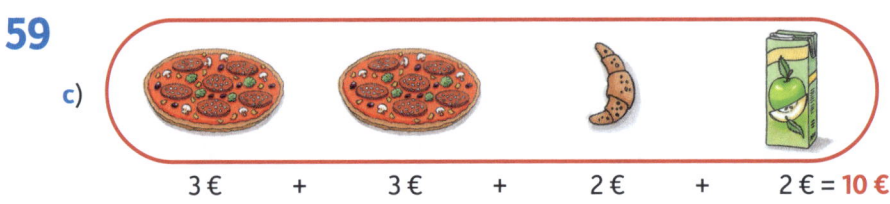		
1,35 €	1	3	5
5,28 €	5	2	8
0,99 €	0	9	9
2,05 €	2	0	5
0,07 €	0	0	7

59

c)

3 € + 3 € + 2 € + 2 € = **10 €**

Niki muss **10 €** bezahlen.

60

Carina hat 27 € gespart. Oma schenkt ihr noch 5 € und Opa 3 €.		2 + 2 + 2 + 2 + 2 + 1 + 1 + 1 = **13**
Sven kauft 2 Bücher für je 5 € und 3 Stifte für je 1 €.		27 € + 5 € + 3 € = **35 €**
Im Sparschwein sind 27 €. Maxi spart noch 3 €. Dann kauft er sich ein Spiel für 5 €.	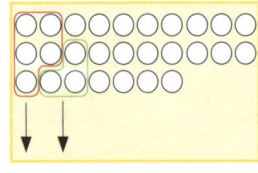	27 € − 5 € − 3 € = **19 €**
Robin hat 27 € gespart. Davon kauft er sich einen Ball für 5 € und ein Auto für 3 €.		5 € + 5 € + 1 € + 1 € + 1 € = **13**
In der Eisdiele kaufen 5 Kinder je 2 Kugeln Eis und 3 Kinder je 1 Kugel.		27 € + 3 € − 5 € = **25 €**

61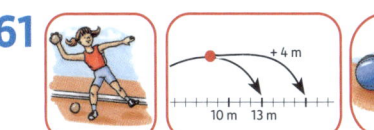

Diese Zeichnung hilft am meisten:

13 m + 4 m = **17 m**

Sarah hat **17 m** weit geworfen.

62

11 + 3 + 5 = 19

Jetzt sind **19 Kinder** im Kino.

63 a)

1 € + 2 € + 2 € + 2 € = **7 €** ⟶ **7 €** muss Peter bezahlen.

b)

3 € + 2 € + 2 € + 2 € + 1 € + 1 € = **11 €** ⟶ **11 €** muss Marie bezahlen.

64 10 € Tante   10 € Oma

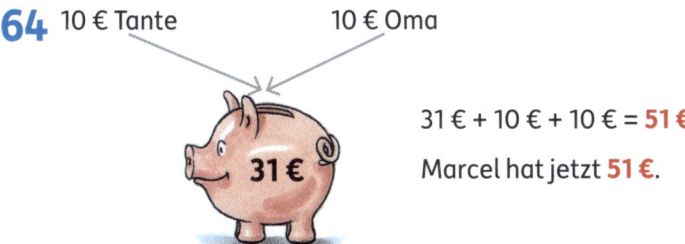

31 € + 10 € + 10 € = **51 €**

Marcel hat jetzt **51 €**.

65

8 € + 8 € + 8 € + 3 € + 5 € = **32 €** ⟶ Sie muss **32 €** bezahlen.

66

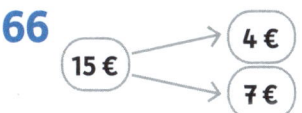

4 € + 7 € = **11 €** (muss sie bezahlen)

15 € − 11 € = **4 €**   **oder**: 15 € − 4 € − 7 € = **4 €**

4 € bleiben ihr übrig.

67

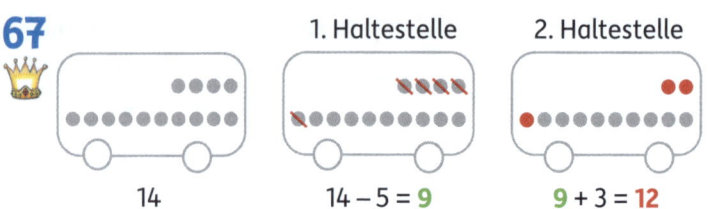

	1. Haltestelle	2. Haltestelle

14 　　　　14 – 5 = **9** 　　　　**9** + 3 = **12**

Nun sitzen **12 Leute** im Bus.

68

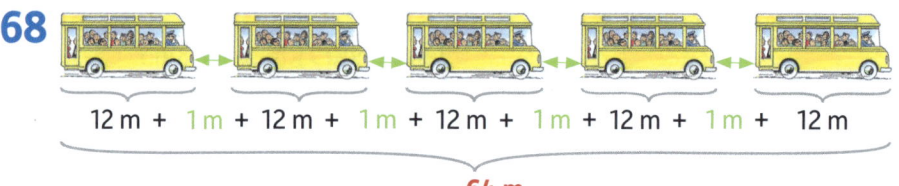

12 m + **1 m** + 12 m + **1 m** + 12 m + **1 m** + 12 m + **1 m** + 12 m

64 m

Die ganze Busreihe ist **64 m** lang.

69

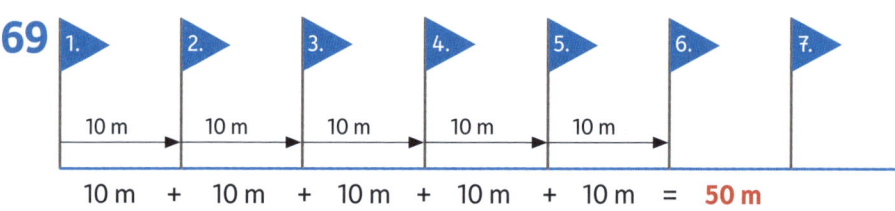

10 m　　10 m　　10 m　　10 m　　10 m

10 m + 10 m + 10 m + 10 m + 10 m = **50 m**

Marie ist **50 m** weit gelaufen.

70

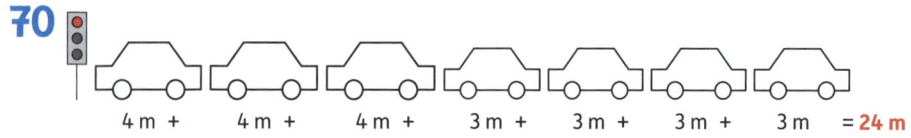

4 m + 　　4 m + 　　4 m + 　　3 m + 　　3 m + 　　3 m + 　　3 m = **24 m**

Alle Autos sind zusammen **24 m** lang.

71

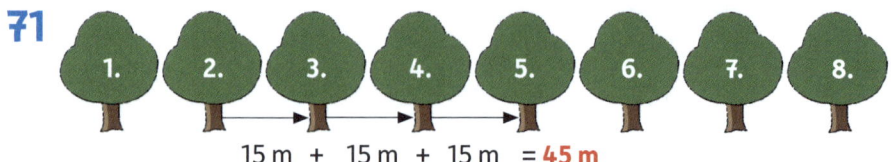

15 m + 　15 m + 　15 m 　= **45 m**

Vom zweiten bis zum fünften Baum sind es **45 m**.

72

70 ct	1,40 €	**2,10 €**	**2,80 €**	**3,50 €**	4,20 €	4,90 €

Für 3 € kann sich Carina **4 Kugeln Eis** kaufen. 20 ct bleiben ihr übrig.

73

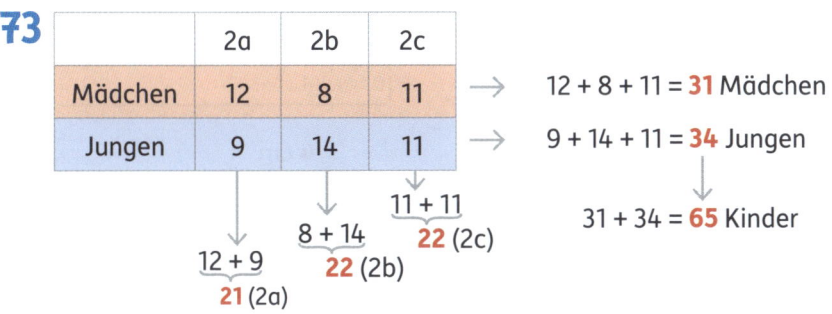

	2a	2b	2c
Mädchen	12	8	11
Jungen	9	14	11

$\rightarrow$ 12 + 8 + 11 = **31** Mädchen

$\rightarrow$ 9 + 14 + 11 = **34** Jungen

31 + 34 = **65** Kinder

12 + 9
21 (2a)

8 + 14
22 (2b)

11 + 11
22 (2c)

a) In der 2a sind **21 Kinder**, in der 2b sind **22 Kinder**, in der 2c sind **22 Kinder**.

b) Es sind **31 Mädchen** und **34 Jungen** insgesamt in allen 2. Klassen.

c) Es sind **65 Kinder** insgesamt in allen 2. Klassen.

74

75 **Ja**, **Paul** hat Recht. Jans Füße sind viel kleiner als Pauls Füße. Deswegen sind die 11 kleinen Schritte von Jan nicht so weit wie 10 große Schritte von Paul.

76

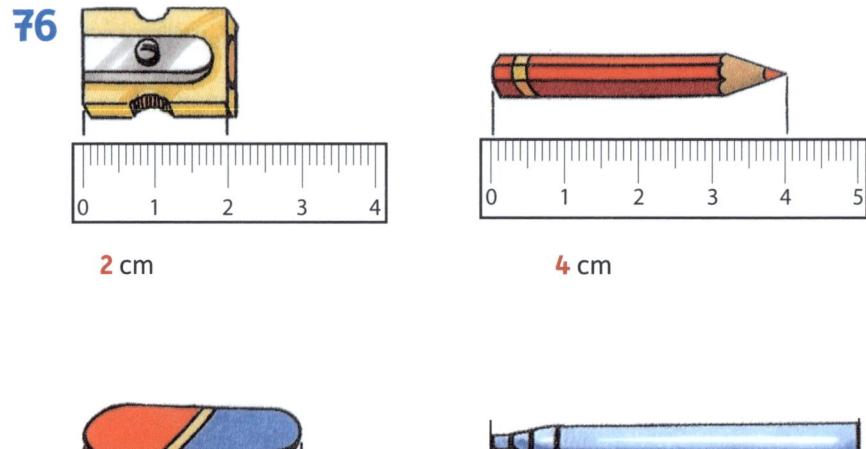

2 cm   4 cm

3 cm   5 cm

77 a) 2 cm   b) 3 cm   c) 4 cm   d) 5 cm   e) 6 cm

78 3 cm + 4 cm = **7 cm**   6 cm + 15 cm = **21 cm**
7 cm – 5 cm = **2 cm**   37 cm – 8 cm = **29 cm**

24 cm + 9 cm + 13 cm = **46 cm**
54 cm – 15 cm – 4 cm = **35 cm**

79

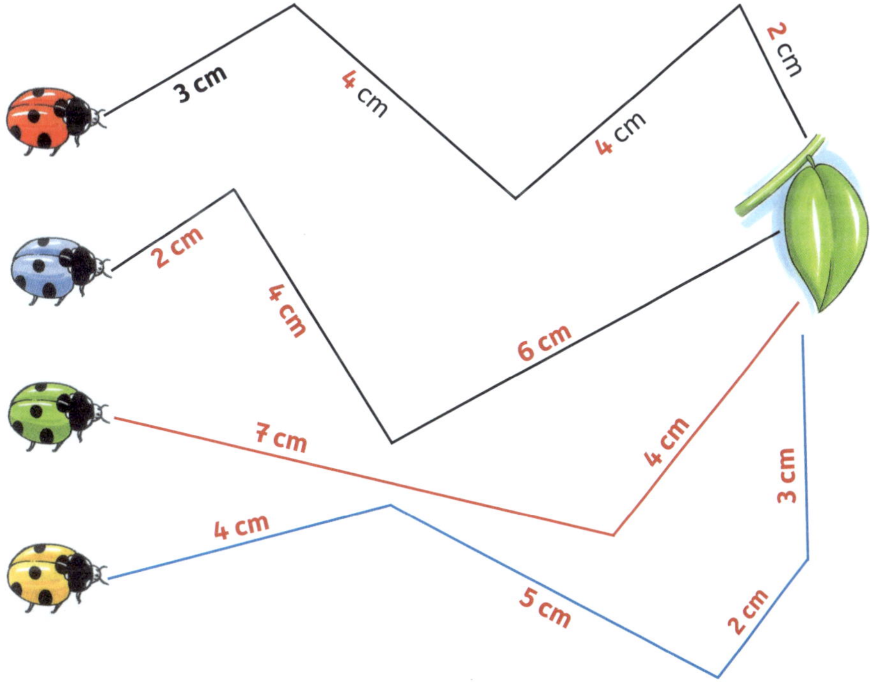

3 cm · 4 cm · 4 cm · 2 cm

2 cm · 4 cm · 6 cm

7 cm · 4 cm

4 cm · 5 cm · 2 cm · 3 cm

 **3 cm**	+	4 cm	+	4 cm	+	2 cm	=	**13** cm
 2 cm	+	4 cm	+	6 cm			=	12 cm
 7 cm	+	4 cm					=	11 cm
 4 cm	+	5 cm	+	2 cm	+	3 cm	=	14 cm

80

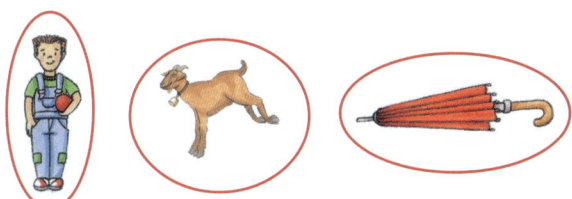

81

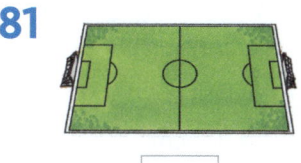         

80 m   **2 m**   **15 m**   **4 m**   **8 m**

82 Jakob geht in die 2. Klasse und ist **1 m 30 cm** groß. Er ist ein guter Sportler. Er kann **27 m** weit werfen und **2 m 80 cm** weit springen. Beim Laufen braucht er 9 Sekunden für **50 m**.

83 **2 m 61 cm** > 2 m 34 cm > 2 m 13 cm > 1 m 87 cm > 1 m 82 cm > 1 m 79 cm

84

4 m

Hase $\xrightarrow[\text{(: 2)}]{\text{halb}}$ Frosch

4 m : 2 = **2 m**

Hase + Frosch

4 m + 2 m = **6 m**

Löwe $\xrightarrow[\text{(2 ·)}]{\text{doppelt}}$ Känguru

2 · 6 m = **12 m**

85

4 m $\xrightarrow[\text{(2 ·)}]{\text{doppelt}}$ **8 m** ⟶ Die braune Schlange ist **8 m** lang.

4 m + 8 m = **12 m** ⟶ 12 m $\xrightarrow[\text{(: 2)}]{\text{halb}}$ **6 m** ⟶ Die gelbe ist **6 m** lang.

4 m + 8 m + 6 m = **18 m**

18 m sind alle Schlangen zusammen.

86

Tag	Länge des Schals	+	So viel muss Oma noch stricken.	= 1 m (= 100 cm)
1.	14 cm	+	**86 cm**	= 100 cm
2.	27 cm	+	**73 cm**	= 100 cm
3.	43 cm	+	**57 cm**	= 100 cm
4.	69 cm	+	**31 cm**	= 100 cm
5.	86 cm	+	**14 cm**	= 100 cm

87 1 m = 100 cm

a) Peter: 100 cm – 55 cm – 34 cm = **11 cm**

(schneidet Peter ab) $\longrightarrow$ Peter bleiben **11 cm** übrig.

b) Tim: 100 cm – 46 cm – 15 cm – 15 cm = **24 cm**

(schneidet Tim ab) $\longrightarrow$ Tim bleiben **24 cm** übrig.

c) Anne: 100 cm – 25 cm – 25 cm – 5 cm – 5 cm – 5 cm – 5 cm – 5 cm = **25 cm**

(schneidet Anne ab)

oder:

100 cm						
25 cm	25 cm	5 cm	5 cm	5 cm	5 cm	5 cm	

25 cm + 25 cm = **50 cm**   5 · 5 cm = **25 cm**   **25 cm**

50 cm + 25 cm = **75 cm** $\longrightarrow$ 100 cm – 75 cm = **25 cm**

Anne bleiben **25 cm** von ihrem Stab übrig.

88 a)

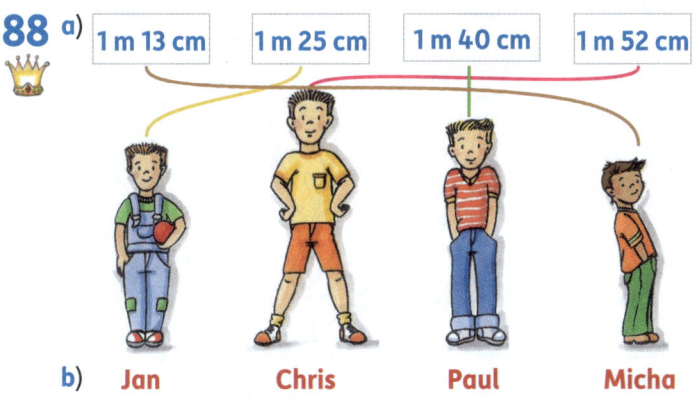

1 m 13 cm	1 m 25 cm	1 m 40 cm	1 m 52 cm

b)   **Jan**   **Chris**   **Paul**   **Micha**

89   1 m 34 cm   +   38 cm   = **1 m 72 cm**
      (so groß ist Anne)   (muss sie noch wachsen)

Ihre Mama ist **1 m 72 cm** groß.

90 96 cm   –   78 cm   = **18 cm** $\longrightarrow$ **18 cm** ist Miriam gewachsen.
   (jetzt)   (vor 1 Jahr)

91 1 m 32 cm (Sebastian) – 1 m 10 cm (Michael) = **22 cm**
Sebastian ist **22 cm** größer.

92

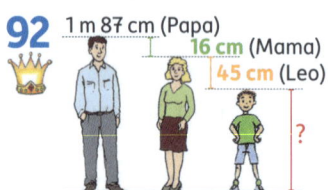

1 m 87 cm (Papa)
16 cm (Mama)
45 cm (Leo)
?

a) 1 m 87 cm – **16 cm** = 1 m 71 cm (Mama)
1 m 71 cm – **45 cm** = **1 m 26 cm**

Leo ist **1 m 26 cm** groß.

b) 1 m 26 cm + **61 cm** = 1 m 87 cm (so groß ist Papa)
(so groß ist Leo) (muss Leo wachsen)

oder: **45 cm** + **16 cm** = **61 cm**
(so groß (so groß
wie Mama) wie Papa)

Leo muss noch **61 cm** wachsen.

93

14 Fische sind im Aquarium.

94 **a)** **Tagzeit:** **10:00** Uhr **15:00** Uhr **8:00** Uhr **12:00** Uhr
Nachtzeit: **22:00** Uhr **3:00** Uhr **20:00** Uhr **24:00** Uhr
oder: **00:00** Uhr

b)

95 a)

3:45 Uhr	4:15 Uhr	6:30 Uhr	10:40 Uhr	1:5̶7̶ Uhr
15:45 Uhr	16:15 Uhr	18:30 Uhr	22:40 Uhr	13:5̶7̶ Uhr

b)

5 vor 6	10 nach 10	Viertel nach 11	Viertel vor 12

5:55 Uhr	10:10 Uhr	11:15 Uhr	11:45 Uhr
17:55 Uhr	22:10 Uhr	23:15 Uhr	23:45 Uhr

96

Morgen

Vormittag/
Mittag

Nachmittag

Abend

Nacht

14:45 Uhr

11:30 Uhr

23:00 Uhr

19:15 Uhr

6:45 Uhr

3:15 Uhr

18:30 Uhr

16:00 Uhr

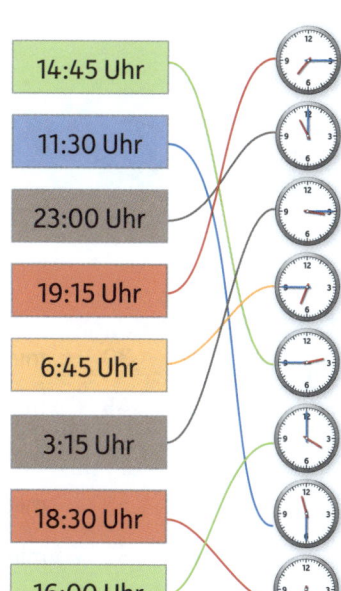

97

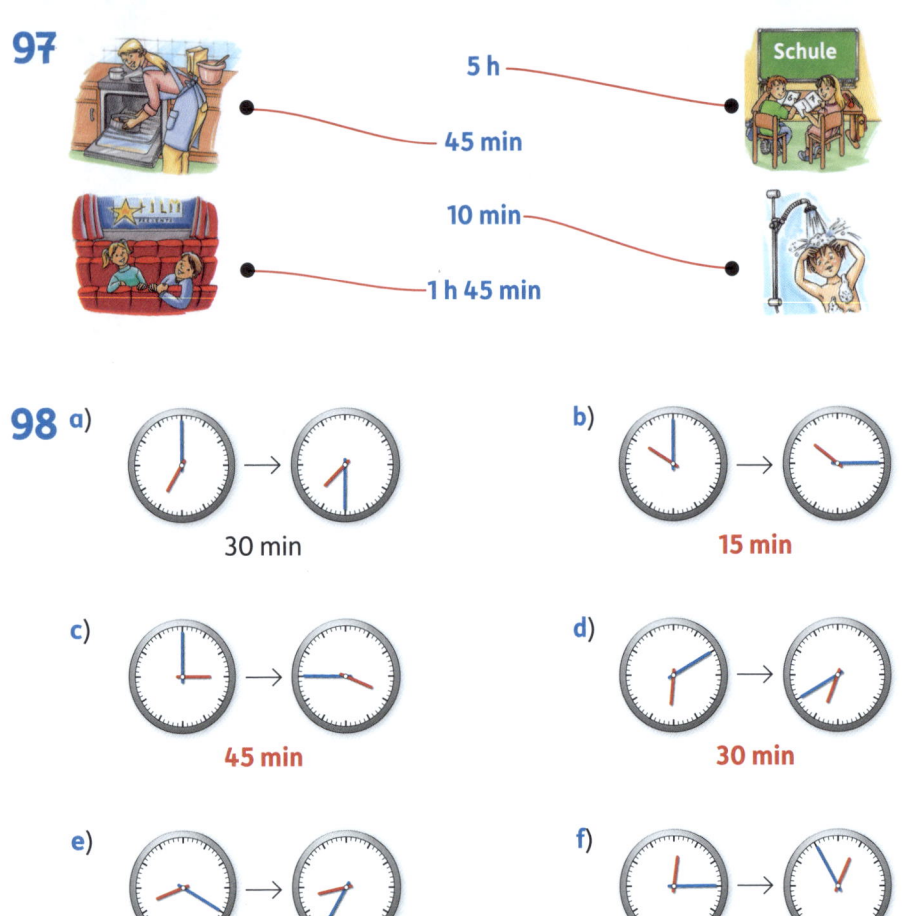

5 h

45 min

Schule

10 min

1 h 45 min

98 a)   30 min   b)   **15 min**

c)   **45 min**   d)   **30 min**

e)   **15 min**   f)   **40 min**

99

Uhrzeit				nächste volle Stunde	
8:30 Uhr	+	30	min	9:00	Uhr
14:15 Uhr	+	**45**	min	**15:00**	Uhr
21:40 Uhr	+	**20**	min	**22:00**	Uhr
4:05 Uhr	+	**55**	min	**5:00**	Uhr
17:28 Uhr	+	**32**	min	**18:00**	Uhr

100

Die Mäusepolizei	Hasenalarm	Dschungelparty
Beginn: 14:00 Uhr	Beginn: 15:45 Uhr	Beginn: 16:30 Uhr
+ 2 h ↓	+ 2 h ↓	+ 2 h ↓
Ende: **16:00** Uhr	**17:45** Uhr	**18:30** Uhr

101

Winnie Puuh	Flipper	Löwenzahn	Die Welt der Dinosaurier

102 Eine **halbe Stunde** sind **30 Minuten**.
Eine von den Sendungen, die 30 Minuten oder weniger dauern,
darf Peter sich anschauen:

Pingu (9:00 – 9:30 ⟶ 30 min), **Winnie Puuh** (9:30 – 10:00 ⟶ 30 min),
Willi wills wissen (10:00 – 10:30 ⟶ 30 min),
Die Sendung mit der Maus (11:30 – 12:00 ⟶ 30 min),
logo (13:30 – 13:45 ⟶ 15 min), **Löwenzahn** (14:45 – 15:15 ⟶ 30 min),
Flipper (16:00 – 16:30 ⟶ 30 min), **Meisterdetektiv Kralle** (16:30 – 17:00
⟶ 30 min), **Eins-zwei-drei** (17:00 – 17:30 ⟶ 30 min)

103 10:30 Uhr.

a) vor 2 Stunden ⟶ **8:30 Uhr**

b) vor einer halben Stunde (30 Minuten) ⟶ **10:00 Uhr**

c) vor 45 Minuten ⟶ **9:45 Uhr**

d) vor einer Viertelstunde (15 Minuten) ⟶ **10:15 Uhr**

104

	Montag	Dienstag	Mittwoch	Donnerstag	Freitag
	Flipper	Hexe Lilli	logo	Rappelkiste	Löwenzahn
Beginn:	16:00 Uhr	15:00 Uhr	13:30 Uhr	12:00 Uhr	**15:00** Uhr
Dauer:	30 Minuten	1 Stunde	15 Minuten	**30** Minuten	1 Stunde
Ende:	**16:30** Uhr	**16:00** Uhr	**13:45** Uhr	12:30 Uhr	16:00 Uhr

105 2:00 Uhr ——— **+ 7 Stunden** ——→ 9:00 Uhr

Marius hat **7 Stunden** geschlafen.

106 **a)** **Mittwoch**: von 8:00 Uhr ——— **+ 8 Stunden** ——→ 16:00 Uhr
(Beginn der Sprechstunde)　　　　　　　　　　　　　　　　(Ende der Sprechstunde)

Am Mittwoch arbeitet Susis Mutter **8 Stunden**.

b) **Freitag**: von 8:00 Uhr ——— **+ 6 Stunden** ——→ 14:00 Uhr
(Beginn der Sprechstunde)　　　　　　　　　　　　　　　　(Ende der Sprechstunde)

Am Freitag arbeitet sie **6 Stunden**.

c) 1 Woche: Mo./Di./Mi.　8:00 Uhr　**+ 8 h**→　16:00 Uhr
　　　　Do.　　　　　15:00 Uhr　**+ 3 h**→　18:00 Uhr
　　　　Fr.　　　　　8:00 Uhr　**+ 6 h**→　14:00 Uhr

8 h + **8 h** + **8 h** + **3 h** + **6 h** = **33 Stunden**
Mo.　Di.　Mi.　Do.　Fr.

33 Stunden arbeitet sie in einer Woche.

107 Will ich wissen, wie viel Uhr es **früher** war, muss ich den Zeiger **zurück**drehen.

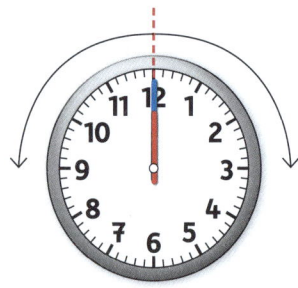

Will ich wissen, wie viel Uhr es **später** ist, muss ich den Zeiger **vor**drehen.

New York:
6 Stunden früher: **6:00 Uhr**

Honolulu:
11 Stunden früher: **1:00 Uhr**

London:
1 Stunde früher: **11:00 Uhr**

Rio:
4 Stunden früher: **8:00 Uhr**

Hongkong:
7 Stunden später: **19:00 Uhr**

Moskau:
2 Stunden später: **14:00 Uhr**

Athen:
1 Stunde später: **13:00 Uhr**

Sydney:
9 Stunden später: **21:00 Uhr**

108 13:00 Uhr —— + 3 Stunden ——▸ 16:00 Uhr —— + 30 Minuten ——▸ 16:30 Uhr

= 3 Stunden + 30 Minuten ⟶ **3 Stunden 30 Minuten**

Insgesamt war sie **3 Stunden 30 Minuten** unterwegs.

109

Lea muss 20 Minuten vor 15:00 Uhr losgehen.

15:00 Uhr —— − 20 Minuten ——▸ **14:40 Uhr**

Lea muss um **14:40 Uhr** losgehen.

110 a) 1. Halbzeit + Pause + 2. Halbzeit

45 Minuten + 15 Minuten + 45 Minuten = **105 Minuten**

= **1 Stunde 45 Minuten**

Das ganze Spiel mit Pause dauert **1 Stunde 45 Minuten**.

b) 15:30 Uhr (Spielbeginn) —— + 1 h 45 min ——▸

15:30 Uhr —— + 1 h ——▸ 16:30 Uhr —— + 30 min ——▸ 17:00 Uhr —— + 15 min ——▸ **17:15 Uhr**

Das Spiel ist um **17:15 Uhr** zu Ende.

111 11:30 Uhr (Durchsage) + 15 min = 11:45 Uhr (kommt Zug an!)

11:25 Uhr (sollte er ankommen) —— + 20 min ——▸ 11:45 Uhr (kommt Zug an)

Der Zug hat **20 Minuten** Verspätung.

112 a) **Mittwoch**: von 8:00 Uhr ⟶ 19:00 Uhr geöffnet
11 Stunden könnte sie am Mittwoch bleiben.

Samstag: von 9:00 Uhr ⟶ 17:00 Uhr geöffnet
8 Stunden könnte sie am Samstag bleiben.

b) Mo./Di./Mi.   8:00 – 19:00 Uhr $\rightarrow$ **11** Stunden
       Do./Fr.   14:00 – 21:00 Uhr $\rightarrow$ **7** Stunden
       Sa./So.   9:00 – 17:00 Uhr $\rightarrow$ **8** Stunden

11 h + **11 h** + **11 h** + **7 h** + **7 h** + **8 h** + **8 h** = **63 Stunden**
Mo.   Di.   Mi.   Do.   Fr.   Sa.   So.

63 Stunden hat das Freibad in der Woche insgesamt geöffnet.

113   7.**2.**   24.**9.**   30.**5.**   18.**7.**   2.**11.**   13.**8.**

114   5. August $\xrightarrow{\text{+ 1 Monat}}$ 5. September $\xrightarrow{\text{+ 1 Monat}}$ **5. Oktober**

Jana hat am **5. Oktober** (**5.10.**) Geburtstag.

115

Fahrradausflug am 30.   **Mittwoch**
Vaters Geburtstag am 7.   **Montag**
Fußballspiele am 14. und 19.   **Montag,**
                             Samstag

Volksfest am 26.   **Samstag**
Zoobesuch am 12.   **Samstag**
Zahnarzt am 2.   **Mittwoch**

116   **a)** **Mittwoch** (2. Mai Mutters Geburtstag)

b) Vom 2. Mai $\xrightarrow{\text{bis}}$ 28. Mai sind es **26 Tage**.
     Vater ist um **26 Tage** jünger.

c) ◯ Oma ist genau um 31 Jahre älter als Mutter.
    ◯ Oma ist um 1 Tag älter als Mutter.
    ⊗ Oma ist um 31 Jahre und einen Tag älter als Mutter.
    ◯ Oma ist nicht ganz um 31 Jahre älter als Mutter.

117   5. Juli (Schulfest) + 7 Tage $\longrightarrow$ **12. Juli** (Sportfest)

Das Sportfest ist am **12. Juli**.

118 29. Juli (fährt er ab) $\longrightarrow$ 4. August (fährt er heim)

1. Tag   **2. Tag**   **3. Tag**   **4. Tag**   **5. Tag**   **6. Tag**   **7. Tag** $\longrightarrow$ **7 Tage**

29.7. $\longrightarrow$ 30.7. $\longrightarrow$ 31.7. $\longrightarrow$ 1.8. $\longrightarrow$ 2.8. $\longrightarrow$ 3.8. $\longrightarrow$ 4.8.

1. Nacht   **2. Nacht**   **3. Nacht**   **4. Nacht**   **5. Nacht**   **6. Nacht** $\longrightarrow$ **6 Nächte**

Er war **7 Tage** und **6 Nächte** unterwegs.

119 16. August bis 30. August (Urlaub)

16. – 17. – 18. – 19. – 20. – 21. – 22. – 23. – 24. – 25. – 26. – 27. – 28. – 29. – 30.

15 Tage

15 Tage – 2 Tage (Regen) – 3 Tage (Ausflug) = **10 Tage**

(waren sie nicht am Strand)

Sie verbrachten **10 Tage** am Strand.

120 Eintritt für Geisterbahn: 3 € $\longrightarrow$ 3 · 3 € = **9 €**

9 € muss Ronja bezahlen.

121 9 (Waggons) · 4 (Kinder) = **36** (Kinder)

In der Geisterbahn sitzen insgesamt **36 Kinder**.

122 **Wie viel muss Amelie insgesamt bezahlen?**

Eintritt für Karussell: 2 € $\longrightarrow$ 2 · 2 € = **4 €**

Eintritt für Geisterbahn: 3 € $\longrightarrow$ 2 · 3 € = **6 €**

4 € + 6 € = **10 €**

Amelie muss insgesamt **10 €** bezahlen.

123 **Wie viel muss Fritz insgesamt bezahlen?**

4 · 4 € (Achterbahn) = **16 €**   4 · 2 € (Autoscooter) = **8 €**

16 € + 8 € = **24 €**

Fritz muss insgesamt **24 €** bezahlen.

124 4 · 2 € (Karussell) = **8 €**   2 · 4 € (Achterbahn) = **8 €**
8 € + 8 € = **16 €**

Mia braucht **16 €**.

125 **18 €** − **4 €** = 14 €   14 € − **4 €** = 10 €   10 € − **4 €** = 6 €   6 € − **4 €** = **2 €**
(hat er dabei)   (bleiben übrig,
                                                                                 zu wenig Geld für eine
                              Benedikt kann **4-mal** fahren.   weitere Fahrt)

oder: 18 € : 4 € (so viel kostet **eine** Fahrt) = **4** Rest 2 €
                              (So oft kann er fahren.)   (2 € bleiben ihm übrig.)

126

Geld	1 €	2 €	3 €	4 €	5 €	6 €	7 €	8 €	9 €	10 €
Lose	3	6	9	12	15	18	21	24	27	**30**

oder: 1 € ⟶ 3 Lose

              10 € ⟶ 10 · 3 Lose = **30 Lose**

Für 10 € kann sich Lea **30 Lose** kaufen.

127 4 (Reihen) · 5 (Stöcke) = **20** (Stöcke)
Sie braucht **20 Stöcke**.

128 8 (Beete) · 10 (Pflanzen) = **80** (Pflanzen)
Gärtner Grün hat **80 Erdbeerpflanzen**.

129 1. ○○○○○
2. ○○○○○
3. ○○○○○
4. ○○○○○   35   35 (Zwiebeln) : 5 (Zwiebeln je Reihe)
5. ○○○○○   Zwiebeln   = **7** (Reihen Tulpen)
6. ○○○○○
7. ○○○○○

Sie kann **7 Reihen** mit Tulpenzwiebeln setzen.

130 5 (Rosen) + 3 (Margeriten) = **8** (Blumen) $\longrightarrow$ 1 Strauß hat 8 Blumen.

👑 8 · **8 Blumen** = **64 Blumen** $\longrightarrow$ Sie braucht insgesamt **64 Blumen**.

131 5 (Netze) · 7 (Äpfel) = **35** (Äpfel) $\longrightarrow$ In 5 Netzen sind **35 Äpfel**.

132 30 (Äpfel) : 5 (Äpfel) = **6** (Enkelkinder) $\longrightarrow$ Großmutter hat **6 Enkelkinder**.

133 4 (Tische) · 10 (Personen) = **40 Personen**
Für **40 Personen** hat Mutter gedeckt.

134 $\longrightarrow$ 24 (Kinder) : 4 (Schokoküsse je Schachtel) =
6 (Schachteln)

$\longrightarrow$ Emma muss **6 Schachteln** kaufen.

135 4 (Kinder) · 4 (Figuren) = **16** (Spielfiguren)
Sie brauchen **16 Spielfiguren**.

136 ⚃ ⚃ ⚃
3 · 5 = **15** $\longrightarrow$ Sie durfte **15 Felder** vorrücken.

137 4 (Kinder) · 8 (Karten) = **32** (Karten) $\longrightarrow$ Das Spiel besteht aus **32 Karten**.

138 9 (Autos) · 4 (Räder) = **36** (Räder)
Michael braucht **36 Räder**.

1 Auto hat
4 Räder.

139 24 (Räder) : 4 (Räder) = **6** (Autos) $\longrightarrow$ Er kann **6 Autos** bauen.

140 9 Steine für großes Haus $\longrightarrow$ 5 (große) · 9 = **45**
👑 5 Steine für kleines Haus $\longrightarrow$ 7 (kleine) · 5 = **35** 45 + 35 = **80 Steine**

80 Steine brauchen sie für 5 große und 7 kleine Häuser.

141 5 (Netze) · 8 (Bälle) = **40** (Bälle) ⟶ Es sind insgesamt **40 Bälle** in der Halle.

142 3 € + 1 € = 4 € (bekommt er in einer Woche)   6 (Wochen) · 4 € = **24 €**

oder: 6 · 3 € =   **18 €** (von Eltern)
     6 · 1 € =   **6 €** (von Oma) ⟶ 18 € + 6 € = **24 €**

Der Ball kostet **24 €**.

143 Carina + 4 Freundinnen = **5** (Kinder)
5 · 6 € = **30 €**   ⟶ Sie müssen insgesamt **30 €** bezahlen.

144 8 (Reihen) · 8 (Sitze) = **64** (Sitzplätze)   ⟶ Das Kino hat **64 Sitzplätze**.

145 6 (Päckchen) · 6 (Aufgaben) = **36** (Aufgaben)

Sie müssen **36 Aufgaben** rechnen.

146 1 Woche = **7 Tage**   7 · 7 (Seiten) = **49** (Seiten)

Bens Buch hat **49 Seiten**.

147 4 + 2 = 6 (Kartons)   6 (Kartons) · 10 (Bücher) = **60** (Bücher)

oder: 4 (Kartons) · 10 (Bücher) = **40** (Kinderbücher)   ⟶ 40 + 20 = **60**
     2 (Kartons) · 10 (Bücher) = **20** (Jugendbücher)   (Bücher insgesamt)

Die Bücherei bekommt insgesamt **60 Bücher**.

148 Nehmen wir als Beispiel die Zahl **5**.

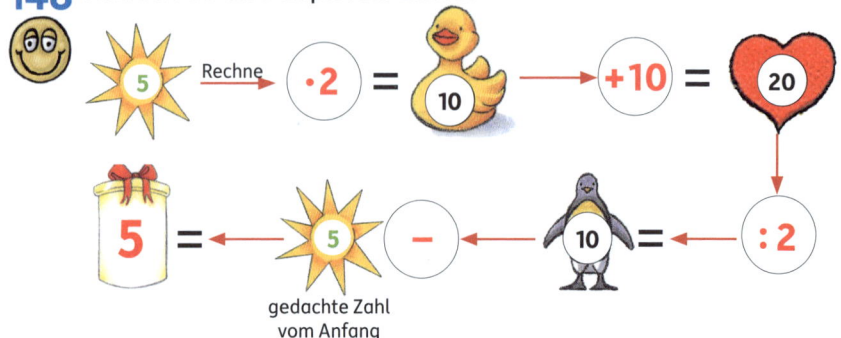

gedachte Zahl
vom Anfang

149 a)

> **2**
>
> Jana ist 8 Jahre alt, ihre Schwester ist 2 Jahre jünger und ihr Bruder ~~7~~ Jahre älter.

b)

> **1**
>
> Kilian geht in die 3. Klasse. Er ist 9 Jahre alt und hat 2 Brüder.

150 Luca ist 8 Jahre alt ~~und Fußballfan. Mit 10 anderen Jungen spielt er in einer Mannschaft. Sie haben schon 6 Pokale gewonnen~~. Sein Vater ist 42 Jahre alt ~~und schaut ihm bei fast allen Spielen zu~~.

42 Jahre (Vater) – 8 Jahre (Luca) = **34 Jahre**
Lucas Vater ist **34 Jahre** älter als Luca.

151 ~~Rebecca ist das schnellste Mädchen in der Klasse. Sie braucht nur 8 Sekunden für 50 m. Ihre Freundin Ina braucht 2 Sekunden länger.~~ Dafür kann Ina 24 m weit werfen. Jonas ~~ist der beste Werfer in der Klasse.~~ ~~Er~~ schafft 38 m.

38 m – 24 m = **14 m** $\longrightarrow$ Jonas wirft **14 m** weiter als Ina.

152 ~~Die Klasse 2a macht einen Ausflug zum Flughafen. Tom freut sich, denn er ist schon dreimal geflogen.~~ Sie fahren mit einem Bus mit 36 Sitzplätzen. ~~Er ist ganz neu und hat ein Fernsehgerät.~~ In der Klasse 2a sind 29 Kinder. Als Begleitpersonen fahren zwei Mütter und die Lehrerin mit.

29 (Kinder) + 2 (Mütter) + 1 (Lehrerin) = **32** (Personen)
36 (Plätze im Bus) – 32 (Personen) = **4**

Im Bus sind **4 Plätze** nicht besetzt.

153 a) 24 (Kinder) : 3 (Kinder je Zelt) = **8** $\longrightarrow$ **8 Zelte** brauchen sie.

b)   5   +   3   +   5   +   6   =   **19**   24 (alle Kinder) – **19** = **5**
   (Kochen) (Tisch) (Geschirr) (Waschraum)

5 Kinder müssen das Lager aufräumen.

c) 8 (Zelte) – 2 (Zelte) = **6** (Zelte)
   24 (Kinder insgesamt) : 6 (Zelte) = **4** (Kinder)

Es müssen jetzt **4 Kinder** in einem Zelt schlafen.

154 ~~Im Freizeitpark gibt es viele aufregende Fahrgeschäfte. Valentin fährt am liebsten mit dem Riesenrad. Frederik findet die Wasserrutsche am lustigsten. Dort stehen viele Kinder an.~~ Eine Fahrt kostet 2 €. Frederik ~~freut sich schon auf die wilde Fahrt. Er~~ darf 4-mal fahren.

4 · 2 € = **8 €** $\longrightarrow$ Er muss insgesamt **8 €** bezahlen.

155 a) 34 (Mädchen) + 42 (Jungen) = ~~76~~ (Kinder)
76 Kinder sind insgesamt im Ferienlager.

b) 42 (Jungen) − 34 (Mädchen) = **8**
8 Mädchen sind es weniger als Jungen.

c) 28 (Mädchen) + 35 (Jungen) = **63**
63 Kinder gehen zu Fuß auf den Berg.

d) ~~76~~ (Kinder insgesamt) − 63 (zu Fuß) = **13**
13 Kinder fahren mit der Gondel.

e) 34 (Mädchen insgesamt) − 28 (zu Fuß) = **6**
6 Mädchen fahren mit der Gondel.

f) ~~76~~ (Kinder insgesamt) − 36 (mit Gondel) = **40**
40 Kinder gehen den Rückweg zu Fuß.

156 15:45 Uhr $\xrightarrow{\text{+ 15 Minuten}}$ 16:00 Uhr
Pia muss noch **15 Minuten** warten.

157 a) 5 (Rosen) + 6 (Tulpen) + 3 (Lilien) = **14** (Blumen)
Insgesamt sind es **14 Blumen**.

b) 5 · 4 € = **20 €** (Rosen)   6 · 2 € = **12 €** (Tulpen)   3 · 3 € = **9 €** (Lilien)
20 € + 12 € + 9 € = **41 €**
41 € kosten alle Blumen zusammen.

c) 41 € (Blumen) + 2 € (Schleife) = **43 €**
Papa muss für den Blumenstrauß **43 €** bezahlen.

158

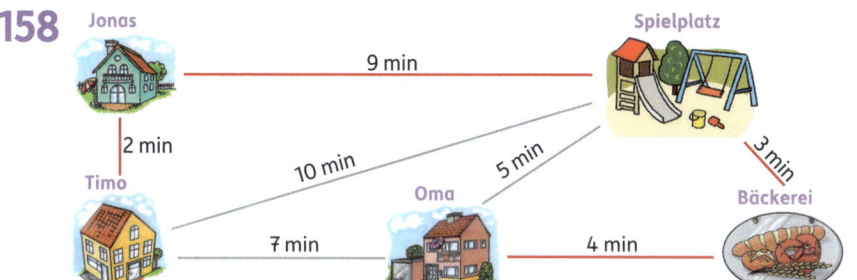

2 min + 9 min + 3 min + 4 min = **18 min**

Timo braucht **18 Minuten** für den Weg bis zu seiner Oma.

159 $\underbrace{50 \text{ ct} + 50 \text{ ct}}_{100 \text{ ct} = 1 €} + \underbrace{20 \text{ ct} + 10 \text{ ct} + 10 \text{ ct}}_{40 \text{ ct}} + \underbrace{5 \text{ ct} + 2 \text{ ct} + 2 \text{ ct} + 2 \text{ ct} + 1 \text{ ct}}_{12 \text{ ct}} =$ **1 € 52 ct**

Marie hat **1 € 52 ct** im Geldbeutel.

160 1 Woche hat 7 Tage. $\longrightarrow$ 17 + 7 (Tage) = **24**

Am nächsten Montag war der **24. Dezember**.

161

56 (in Packung)		
24 (grün)	16 (rot)	**?** (gelb)

24 + 16 = **40** (sind nicht gelb)

56 − **40** = **16**

oder: 56 (alle) − 24 (grün) − 16 (rot) = **16** (gelb) $\longrightarrow$ **16** sind gelb.

162 4 Fußbälle: 4 · 8 € = **32 €**   5 Sprungseile: 5 · 4 € = **20 €**
5 Frisbees: 5 · 3 € = **15 €**   1 Paar Inliner: **28 €**

32 € + 20 € + 15 € + 28 € = **95 €** $\longrightarrow$ Die Schule muss **95 €** bezahlen.

163 40 (Bonbons insgesamt) : 8 = **5** $\longrightarrow$ Es sind insgesamt **5 Mädchen**.

164 Zahlen zwischen 60 und 70: **61 – 62 – 63 – 64 – 65 – 66 – 67 – 68 – 69**
Die gesuchte Zahl heißt **66**.   (zwei gleiche Ziffern)

165 13:00 Uhr   13:25 Uhr   **13:50 Uhr**   **14:15 Uhr**   Pause
15:30 Uhr   **15:55 Uhr**   **16:20 Uhr**   **16:45 Uhr**

166 Klara: 18.5. = 18. Mai   Jasmin: 3.11. = 3. November

Jetzt ist August → September → Oktober → <u>November</u> → Dezember ...

Jasmin hat als nächste Geburtstag.

167 a) Oma + Opa + 3 Kinder + Papa + Mama = **7 Personen**
Oma muss für insgesamt **7 Personen** den Tisch decken.

b)

Personen:	Opa	Oma	Kind 1	Kind 2	Kind 3	Mama	Papa	→ **7**
Brötchen:	1	1				1	1	→ **4**
Quarktaschen:						1	1	→ **2**
Hörnchen:	1		2	2	2			→ **7**

Sie muss **4 Brötchen** kaufen.

c) Sie muss **2 Quarktaschen** kaufen.   d) Sie muss **7 Hörnchen** kaufen.

168 a) An **keinem Tag** waren nur Erwachsene im Kino.

b)

Tag	Erwachsene		Kinder		
	Männer	Frauen	Jungen	Mädchen	
Montag	12 +	13 +	3 +	4	→ 32
Dienstag	0 +	7 +	11 +	15	→ 33
Mittwoch	2 +	6 +	9 +	7	→ 24
Donnerstag	23 +	16 +	14 +	10	→ **63**
Freitag	4 +	1 +	7 +	0	→ **12**

Am **Donnerstag** waren **am meisten** Personen im Kino, am **Freitag** waren **am wenigsten** Personen im Kino.

c) Jungen: 3 + 11 + 9 + 14 + 7 = **44**   Mädchen: 4 + 15 + 7 + 10 = **36**
44 + 36 = **80**
Insgesamt waren **80 Kinder** im Kino.

d) Donnerstag: 16 (Frauen) + 10 (Mädchen) = **26**
Am Donnerstag waren **26 Frauen und Mädchen** im Kino.

169 a) **Marco** hat mit **15 €** am meisten gespart.

b) 7 € (Ines) + 12 € (Hannah) + 4 € (Louisa) = **23 €**
Die Mädchen haben zusammen **23 €** gespart.

c) 12 € – 7 € = **5 €** $\longrightarrow$ Hannah hat **5 €** mehr als Ines.

d) 8 € + **7 €** = 15 € (Marco)   **oder**: 15 € – 8 € = **7 €**
7 € muss Florian noch sparen, damit er so viel hat wie Marco.

e) 7 € + 12 € + 4 € + 8 € + 15 € = **46 €**
Zusammen haben die Kinder **46 €** gespart.

f) 46 € + **4 €** = 50 €   **oder**: 50 € – 46 € = **4 €**
4 € müssen sie noch sparen, damit sie insgesamt 50 € haben.

170   6 + 6 + 6 + 6 + 6 + 15 + 20 = **65 Seiten**
(Mo.) (Di.) (Mi.) (Do.) (Fr.) (Sa.) (So.)

oder: 5 · 6 = **30** (Mo.-Fr.)   30 + 15 (Sa.) + 20 (So.) = **65 Seiten**

Julia liest **65 Seiten** in der ganzen Woche.

171 a) 5 (Bären) · 4 Beine = **20 Beine**   b) 8 (Pinguine) · 2 Beine = **16 Beine**

c) 4 (Löwen) · 4 Beine = **16 Beine**

20 Beine + 16 Beine + 16 Beine = **52 Beine**

52 Beine haben sie insgesamt.

172 👑

	Ziegen		Enten		Beine
	1	+	5	→	14
6 Tiere	2	+	4	→	16
(insgesamt)	3	+	3	→	18
	4	**+**	**2**	→	20
	5	+	1	→	22

4 Ziegen (16 Beine)   2 Enten (4 Beine)   16 + 4 = 20 Beine

Es sind **4 Ziegen** und **2 Enten** im Streichelzoo.

173 a) Oma hat am **Montag** Geburtstag.

b) Leon hat am **Donnerstag, 30. September** Geburtstag.
Pia hat am **Dienstag, 28. September** Geburtstag.

c) 4 (Max) + **15** = 19 (Papa)   **oder**: 19 − 4 = **15**
Papa hat **15 Tage** nach Max Geburtstag.

d)

30. September	1. Oktober	2. Oktober	3. Oktober
↓	↓	↓	↓
Donnerstag	Freitag	Samstag	**Sonntag**

Der 3. Oktober ist ein **Sonntag**.

174 3 € (Taschengeld) − 1 € (Zeitung) = **2 €** (spart er in 1 Woche)
5 (Wochen) · **2 €** = **10 €**

Marcel hat nach 5 Wochen **10 €** gespart.

175 Es gibt drei verschiedene Möglichkeiten:

10 € = 8 € (**Clown**) + 2 € (**Seifenblasen**)

10 € = 7 € (**Ball**) + 3 € (**Kartenspiel**)

10 € = 5 € (**Stifte**) + 3 € (**Kartenspiel**) + 2 € (**Seifenblasen**)

Mona könnte den **Clown** und die **Seifenblasen** gekauft haben.
Oder: Mona könnte den **Ball** und das **Kartenspiel** gekauft haben.
Oder: Mona könnte die **Stifte**, das **Kartenspiel** und die **Seifenblasen**
gekauft haben.

Wichtig: Es sind nur diese 3 Lösungen richtig, da nur **verschiedene** Dinge
gekauft werden sollen!

176 a) **Timo** hat **am weitesten** geworfen.

b) **Peter und Miriam** haben gleich weit geworfen.

c) **Leo** hat **20 m** weit geworfen.

83 Wer ist am weitesten gesprungen?

▶ Ordne nach der Weite! Schreibe so auf:

_____ > _____ > _____ >

_____ > _____ > _____

▶ Kreise das Kind ein, das am weitesten gesprungen ist.

84 Wusstest du das?

Der **Hase** springt 4 m, der **Frosch** nur halb so weit.
Der **Löwe** springt so weit wie der Hase und der Frosch
zusammen, das **Känguru** doppelt so weit wie der Löwe.
▶ Wie weit springt jedes Tier?
▶ Rechne aus!

_____   _____   _____   _____

Im Terrarium sind 3 Schlangen. Die grüne ist 4 m lang, die braune doppelt so lang, und die gelbe ist halb so lang wie die beiden anderen zusammen.

▶ Wie lang ist jede Schlange?
▶ Wie lang sind alle drei Schlangen zusammen?

86 Oma strickt einen Schal. Er soll 1 m lang werden. Jeden Abend misst Oma, wie lang der Schal schon ist, und rechnet aus, wie viel sie noch stricken muss.
Hilf ihr dabei! Rechne!

Merke: 1 Meter = 100 Zentimeter
1 m = 100 cm

Tag	Länge des Schals	+	So viel muss Oma noch stricken.	= 1 m (= 100 cm)
1.	14 cm	+		= 100 cm
2.	27 cm	+		= 100 cm
3.	43 cm	+		= 100 cm
4.	69 cm	+		= 100 cm
5.	86 cm	+		= 100 cm

87 Die Lehrerin hat für jedes Kind einen 1 m langen Holzstab gekauft. Damit darf jeder basteln, was er will.

▶ Wie viele cm bleiben den Kindern von ihren Stäben übrig?

a) Peter baut einen Drachen.
Er schneidet zuerst 55 cm ab und dann noch 34 cm.

b) Tim sägt für einen Pfeil einmal 46 cm und zweimal 15 cm ab.

c) Anne braucht für eine Puppenleiter zweimal 25 cm und 5 Stücke mit jeweils 5 cm.

88 a) Verbinde jedes Kind mit der richtigen Größenangabe!

| 1 m 13 cm | 1 m 25 cm | 1 m 40 cm | 1 m 52 cm |

b) Wer ist wer? Paul ist größer als Jan und Micha. Jan ist nicht der kleinste. Chris ist größer als Paul.
Schreibe die Namen unter die Kinder!

89 Anne ist 1 m 34 cm groß.
Bis sie so groß ist wie ihre Mama,
muss sie noch 38 cm wachsen.
▶ Wie groß ist ihre Mama?

90 Miriam ist 96 cm groß. Vor einem Jahr war sie 78 cm groß.
▶ Wie viel cm ist Miriam in diesem Jahr gewachsen?

91 Michael ist 1 m 10 cm groß. Sebastian ist 1 m 32 cm groß.
▶ Wie viel cm ist Sebastian größer?

92 Papa ist 1 m 87 cm groß. Er ist um 16 cm größer als Mama.
Leo ist um 45 cm kleiner als Mama.
a) Wie groß ist Leo?
b) Wie viel muss Leo noch wachsen, damit er so groß ist
wie sein Papa?

93 Male die Fische bunt an und zähle sie! Wie viele sind es?

Die Uhr

Merke: Ein Tag hat 24 Stunden. Denke daran, es gibt eine Tagzeit und eine Nachtzeit: 9:00 Uhr (Tagzeit), 21:00 Uhr (Nachtzeit).

Tipp: Stell bei allen Aufgaben die Uhrzeit auf deiner Spieluhr ein.

94 a) Wie spät ist es? Lies beide Uhrzeiten ab und schreibe sie unter die Uhren.

Tag-
zeit: _____ Uhr _____ Uhr _____ Uhr _____ Uhr

Nacht-
zeit: _____ Uhr _____ Uhr _____ Uhr _____ Uhr

_____ Uhr

b) Zeichne die Uhrzeiger ein!

7:00 Uhr　　　**14:00 Uhr**　　　**16:00 Uhr**　　　**23:00 Uhr**

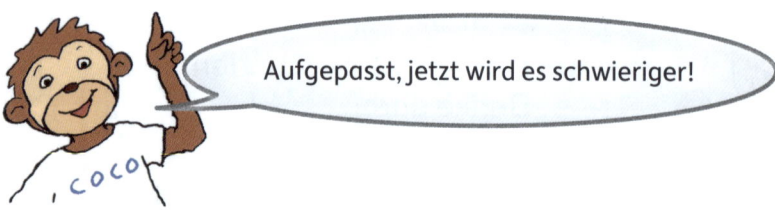
Aufgepasst, jetzt wird es schwieriger!

95 a) Wie viel Uhr ist es?
▶ Schreibe beide Uhrzeiten auf!

_____   _____   _____   _____   _____

_____   _____   _____   _____   _____

b) So kannst du zu Uhrzeiten sagen:
▶ Zeichne passend die fehlenden Zeiger ein!
▶ Schreibe die Uhrzeiten in der richtigen Schreibweise auf!

5 vor 6   **10 nach 10**   **Viertel nach 11**   **Viertel vor 12**

_____   _____   _____   _____

_____   _____   _____   _____

96 ▶ Zu welcher Tageszeit passen die Uhrzeiten?
Male sie mit der richtigen Farbe an!

▶ Verbinde die Uhrzeiten mit der passenden Uhr!

Morgen

| 14:45 Uhr |

| 11:30 Uhr |

Vormittag/

Mittag

| 23:00 Uhr |

Nachmittag

| 19:15 Uhr |

| 6:45 Uhr |

Abend

| 3:15 Uhr |

| 18:30 Uhr |

Nacht

| 16:00 Uhr |

97 Wie lange dauert es? Verbinde richtig!
(Minute = min; Stunde = h)

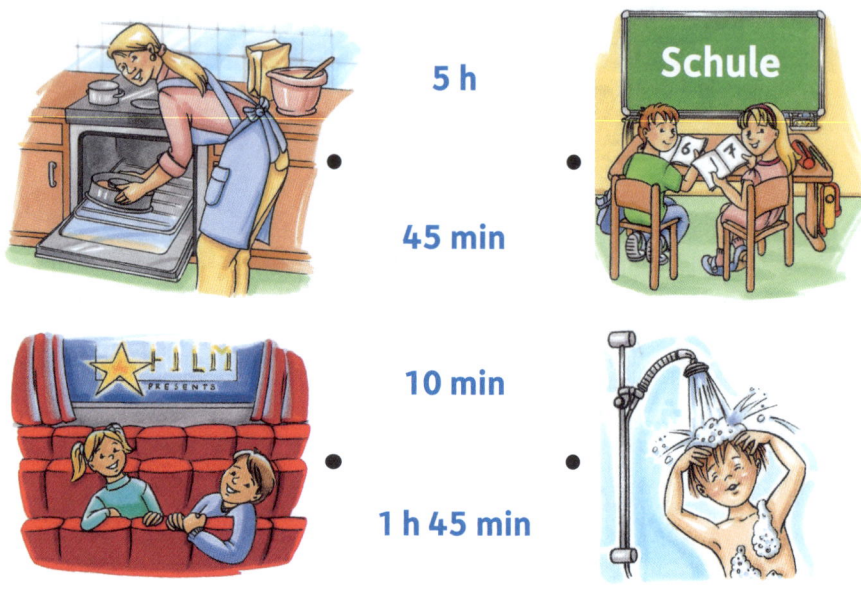

5 h

45 min

10 min

1 h 45 min

98 Wie viel Zeit ist vergangen?

a) 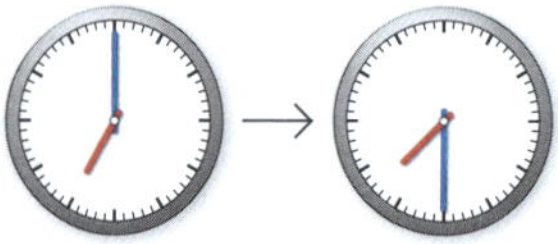 →

30 min

b) 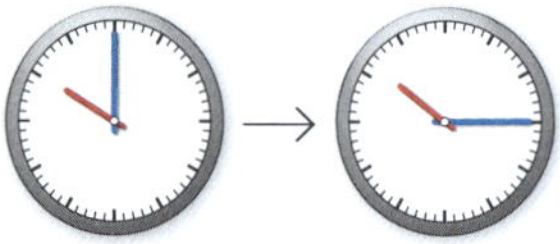 →

c) 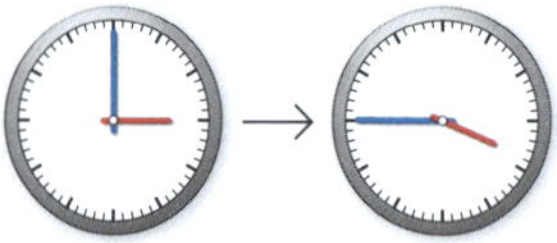 →

d) 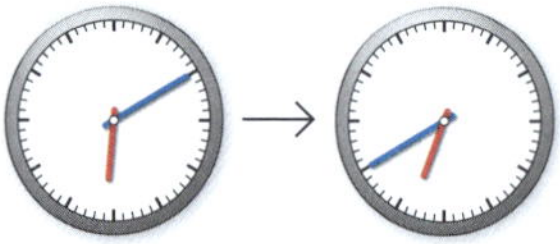 →

e) 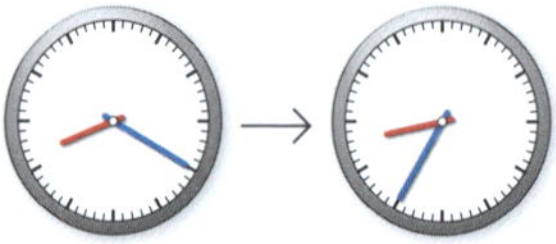 →

f) 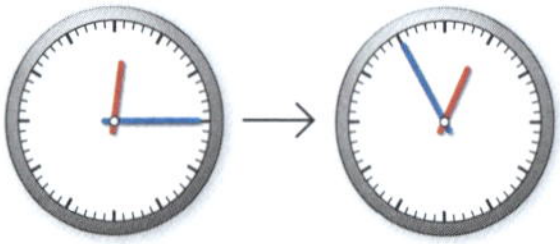 →

99 Wie viele Minuten dauert es bis zur nächsten vollen Stunde?

Merke: 1 Stunde = 60 Minuten
1 h = 60 min
halbe Stunde = 30 Minuten

Uhrzeit   **nächste volle Stunde**

8:30 Uhr   + ___30___ min →   __9:00__ Uhr

14:15 Uhr   + _____ min →   _____ Uhr

21:40 Uhr   + _____ min →   _____ Uhr

4:05 Uhr   + _____ min →   _____ Uhr

17:28 Uhr   + _____ min →   _____ Uhr

100 Jeder Film dauert **2 Stunden**. Wann sind die Filme aus?

Die Mäusepolizei
Beginn: 14:00 Uhr

Hasenalarm
Beginn: 15:45 Uhr

Dschungelparty
Beginn: 16:30 Uhr

Ende: _____ Uhr   _____ Uhr   _____ Uhr

101 Wann fangen die Sendungen an? Trage die Zeiger richtig ein!

Kinderprogramm	
7:30	Tabaluga tivi
9:00	Pingu
9:30	Winnie Puuh
10:00	Willi wills wissen
10:30	Pippi Langstrumpf
11:30	Die Sendung mit der Maus
12:00	Hänsel und Gretel (Kindermusical)
13:30	logo
13:45	Disney Club
14:45	Löwenzahn
15:15	Die Welt der Dinosaurier
16:00	Flipper
16:30	Meisterdetektiv Kralle
17:00	Eins-zwei-drei
17:30	Sissi

Winnie Puuh

Flipper

Löwenzahn

Die Welt der Dinosaurier

102 Peter darf **höchstens** eine **halbe Stunde** fernsehen.

▶ Welche Sendungen darf er sich anschauen? Schreibe sie auf!

103 Es ist jetzt 10:30 Uhr.

a) Wie spät war es vor 2 Stunden?

b) Wie spät war es vor einer halben Stunde?

c) Wie spät war es vor 45 Minuten?

d) Wie spät war es vor einer Viertelstunde?

104 Diese Sendungen sieht sich Tina an.

	Montag	Dienstag	Mittwoch	Donnerstag	Freitag
	Flipper	Hexe Lilli	logo	Rappelkiste	Löwenzahn
Beginn:	16:00 Uhr	15:00 Uhr	13:30 Uhr	12:00 Uhr	_____ Uhr
Dauer:	30 Minuten	1 Stunde	15 Minuten	__ Minuten	1 Stunde
Ende:	_____ Uhr	_____ Uhr	_____ Uhr	12:30 Uhr	16:00 Uhr

▶ Fülle die Lücken aus!

105 An Omas Geburtstag geht Marius erst um 2:00 Uhr ins Bett. Er schläft bis 9:00 Uhr.
▶ Wie lang hat Marius geschlafen?

106 Susis Mama arbeitet in der Kinderarztpraxis Dr. Lustig. Während der Sprechzeiten ist sie immer dort.

a) Wie viele Stunden arbeitet Susis Mama am Mittwoch?
b) Wie viele Stunden arbeitet sie am Freitag?
c) Wie viele Stunden arbeitet sie in einer Woche insgesamt?

107 Wusstest du das?

Wenn es in Deutschland 12:00 Uhr am Mittag ist, ist es in anderen Ländern gerade erst Morgen, Vormittag oder schon Nachmittag oder Abend.

Deutschland:
12:00 Uhr

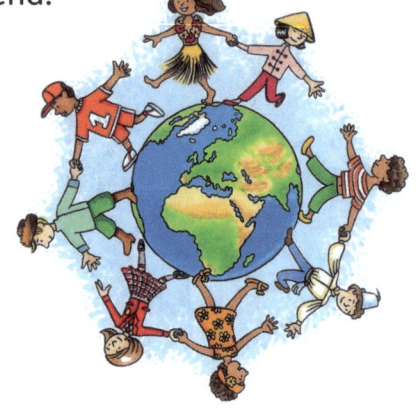

▶ Rechne aus! Wie viel Uhr ist es in ...

New York (USA)

6 Stunden früher, es ist erst _____ Uhr

Hongkong (China)

7 Stunden später, es ist schon _____ Uhr

Honolulu (Hawaii)

11 Stunden früher, es ist erst _____ Uhr

Moskau (Russland)

2 Stunden später, es ist schon _____ Uhr

London (England)

1 Stunde früher, es ist erst _____ Uhr

Athen (Griechenland)

1 Stunde später, es ist schon _____ Uhr

Rio (Brasilien)

4 Stunden früher, es ist erst _____ Uhr

Sydney (Australien)

9 Stunden später, es ist schon _____ Uhr

Tipp: Denke daran, finde immer eine **passende Antwort!**

108 Frau Fit macht einen Ausflug mit dem Fahrrad. Sie fährt um 13:00 Uhr los und kommt um 16:30 Uhr zurück.
▶ Wie lange war sie unterwegs?

109 Lea verabredet sich um 15:00 Uhr mit ihrer Freundin auf dem Spielplatz.
▶ Wann muss Lea von zu Hause losgehen, wenn sie für den Weg zum Spielplatz 20 Minuten braucht?

110 Marco darf mit seinem Vater ins Fußballstadion. Eine Halbzeit dauert genau 45 Minuten und die Pause 15 Minuten.
a) Wie lange dauert das ganze Spiel mit Pause?

b) Pünktlich um halb vier beginnt das Spiel. Wann ist es zu Ende?

111 Robin wartet am Bahnhof auf seine Oma aus Salzburg. Der Zug sollte um 11:25 Uhr ankommen. Um 11:30 Uhr kommt die Durchsage: Der Zug aus Salzburg kommt in 15 Minuten an.
▶ Wie viele Minuten Verspätung hat der Zug?

112 Kristina möchte entweder am
Mittwoch oder am Samstag
ins Freibad.

Öffnungszeiten:	
Mo./Di./Mi.	8:00 – 19:00 Uhr
Do./Fr.	14:00 – 21:00 Uhr
Sa./So.	9:00 – 17:00 Uhr

a) Wie viele Stunden könnte sie am Mittwoch bleiben und
wie viele am Samstag?

b) Wie viele Stunden hat das Freibad in einer Woche
insgesamt offen?

Der Kalender

Merke: 1 Jahr hat 12 Monate.
1 Monat hat 30 oder 31 Tage.
Nur der Februar hat 28 oder 29 Tage!
1 Woche hat 7 Tage.

113 Ein Jahr hat 12 Monate. Jedem Monat ist eine
Zahl zugeordnet.
Schreibe zu jedem Datum die Kurzform auf! (6. Mai = 6.5.)

7.
Februar

24.
September

30.
Mai

18.
Juli

2.
November

13.
August

_____ _____ _____ _____ _____ _____

114

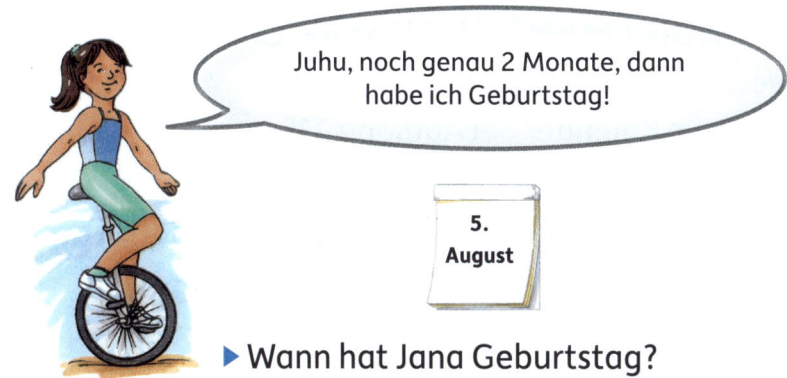

Juhu, noch genau 2 Monate, dann habe ich Geburtstag!

5. August

▸ Wann hat Jana Geburtstag?

115 Thomas hat im Mai viele Termine:

Mo	Di	Mi	Do	Fr	Sa	So
	1	2	3	4	5	6
7	8	9	10	11	12	13
14	15	16	17	18	19	20
21	22	23	24	25	26	27
28	29	30	31			

MAI

Fahrradausflug am 30. _____
Vaters Geburtstag am 7. _____
Fußballspiele am 14. und 19. _____
Volksfest am 26. _____
Zoobesuch am 12. _____
Zahnarzt am 2. _____

▸ Markiere diese Termine im Kalender in den vorgegebenen Farben!
▸ Schreibe die entsprechenden Wochentage auf die Zeilen!

116 Jonas Mutter hat am 2. Mai ihren 42. Geburtstag.

a) Welcher Wochentag ist das?
Schau im Kalender bei Aufgabe **115** nach!

b) Jonas Vater wird am 28. Mai 42 Jahre.
Um wie viele Tage ist er jünger als Jonas' Mutter?

c) Oma hatte am 1. Mai ihren 73. Geburtstag.
Lies genau und kreuze die richtige Antwort an!

◯ Oma ist genau um 31 Jahre älter als Mutter.
◯ Oma ist um einen Tag älter als Mutter.
◯ Oma ist um 31 Jahre und einen Tag älter als Mutter.
◯ Oma ist nicht ganz um 31 Jahre älter als Mutter.

117 Am Freitag den 5. Juli findet in der Schule ein Schulfest statt. Eine Woche später ist das Sportfest.

▶ An welchem Datum ist das Sportfest?

118 Peter war vom 29. Juli bis 4. August mit den Pfadfindern im Zeltlager. (Überlege, wie viele Tage der Juli hat.)

▶ Wie viele Tage war er unterwegs?
▶ Wie viele Nächte war er unterwegs?

119 Mona war vom 16. August bis 30. August mit ihren Eltern im Urlaub in Italien. Meistens waren sie am Strand, aber am ersten und letzten Urlaubstag hat es geregnet und an 3 anderen Tagen haben sie einen Ausflug gemacht.

▶ Wie viele Tage verbrachten sie am Strand?

Malnehmen und teilen

120 Ronja ist mit ihren Freunden auf dem Volksfest.
Sie will dreimal Geisterbahn fahren.

▸ Wie viel muss sie bezahlen?

121 Die Geisterbahn hat 9 Waggons. In jedem Waggon sitzen 4 Kinder.

▸ Wie viele Kinder sitzen insgesamt in der Geisterbahn?

122 Amelie fährt zweimal Karussell und zweimal Geisterbahn.

▸ Überlege dir die Frage, rechne und antworte!

123 Fritz fährt viermal Achterbahn und viermal Autoscooter.

124 Mia will viermal Karussell und zweimal Achterbahn fahren.

▸ Wie viel Geld braucht sie?

125 Benedikt hat 18 € dabei.

▸ Wie oft kann er Achterbahn fahren?

126 Wie viele Lose kann sich Lea für 10 € kaufen?
Tipp: Du kannst die Aufgabe auch mit Hilfe einer Tabelle lösen.

127 Frau Rot pflanzt 4 Reihen Tomatenstöcke.

▶ Wie viele Stöcke braucht sie, wenn in jeder Reihe
5 Stöcke stehen?

128 Der Gärtner Grün hat 8 Beete mit je 10 Erdbeerpflanzen.
▶ Wie viele Erdbeerpflanzen hat er insgesamt?

129 Frau Blum hat 35 Tulpenzwiebeln.
Sie setzt immer 5 Zwiebeln in eine Reihe.
▶ Wie viele Reihen Tulpen kann sie setzen?
Tipp: Fertige eine Skizze an.

130 Für den Muttertag bindet die Verkäuferin 8 Blumen-
sträuße. Jeder Strauß hat 5 Rosen und 3 Margeriten.
▶ Wie viele Blumen braucht sie insgesamt?

131 In einem Netz sind 7 Äpfel verpackt.
▶ Wie viele Äpfel sind in 5 Netzen?

132 Großmutter hat 30 Äpfel gepflückt und verteilt sie an ihre
Enkelkinder. Jedes Enkelkind bekommt 5 Äpfel.
▶ Wie viele Enkelkinder hat sie?

133 Für ihre Geburtstagsfeier hat Mutter 4 Tische gedeckt. An jedem Tisch haben 10 Personen Platz.

▶ Für wie viele Personen hat Mutter gedeckt?

134 An ihrem Geburtstag will Emma Schokoküsse mit in die Schule nehmen. Es sind insgesamt 24 Kinder in der Klasse.

▶ Wie viele Schachteln muss Emma kaufen, wenn in einer Schachtel 4 Schokoküsse sind?

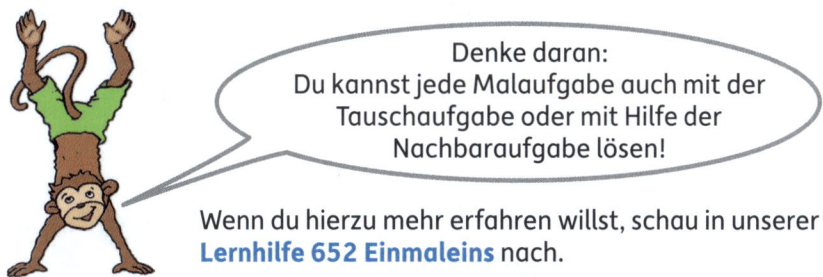

Denke daran:
Du kannst jede Malaufgabe auch mit der Tauschaufgabe oder mit Hilfe der Nachbaraufgabe lösen!

Wenn du hierzu mehr erfahren willst, schau in unserer **Lernhilfe 652 Einmaleins** nach.

135 Emma, Marie, Julia und Lea spielen ein Brettspiel. Dazu braucht jedes Mädchen 4 Spielfiguren.

▶ Wie viele Spielfiguren brauchen sie insgesamt?

136 Marie hat dreimal hintereinander eine 5 gewürfelt.

▶ Wie viele Felder durfte sie insgesamt vorrücken?

137 Nick, Kim, Luis und Nico spielen Karten. Jeder bekommt 8 Karten. Keine Karte bleibt übrig.

▶ Aus wie vielen Karten besteht das Spiel?

138 Michael baut Autos.
▶ Wie viele Räder braucht er für 9 Autos?

139 Auch Nico baut Autos. Er hat 24 Räder.
▶ Wie viele Autos kann er insgesamt bauen?

140 Julian und Marie bauen mit Bausteinen eine Stadt. Für ein
👑 großes Haus brauchen sie 9 Steine, für ein kleines 5 Steine.
▶ Wie viele Steine brauchen sie für
   5 große und 7 kleine Häuser?

141 In der Sporthalle hängen 5 Ballnetze.
In jedem Netz sind 8 Bälle.
▶ Wie viele Bälle sind insgesamt in der Halle?

142 Alex bekommt jede Woche 3 € Taschengeld von seinen
👑 Eltern und 1 € von seiner Oma. Nach 6 Wochen hat er genau
so viel Geld, dass er sich einen neuen Fußball kaufen kann.
▶ Wie viel kostet der Fußball?

143 Carina geht mit ihren vier Freundinnen ins Kino.
Der Eintritt für ein Kind kostet 6 Euro.
▶ Wie viel müssen sie insgesamt bezahlen?

144 Im Kino sind 8 Reihen mit jeweils 8 Sitzen.
▶ Wie viele Sitzplätze hat das Kino?

145 Als Hausaufgabe müssen die Kinder 6 Päckchen rechnen.
In jedem Päckchen sind 6 Aufgaben.
▶ Wie viele Aufgaben müssen sie rechnen.

146 Ben hat ein neues Buch bekommen. Wenn er jeden Tag
7 Seiten liest, hat er es **genau** in einer Woche fertig gelesen.
▶ Wie viele Seiten hat Bens Buch?

147 Die Bücherei bekommt 4 Kartons mit Kinderbüchern und
2 Kartons mit Jugendbüchern geliefert. In jedem Karton
sind 10 Bücher.
▶ Wie viele Bücher bekommt die Bücherei insgesamt?

148 Denk dir **eine Zahl** von **1** bis **10**. Schreibe sie in die Sonne
und befolge die Rechenaufträge!

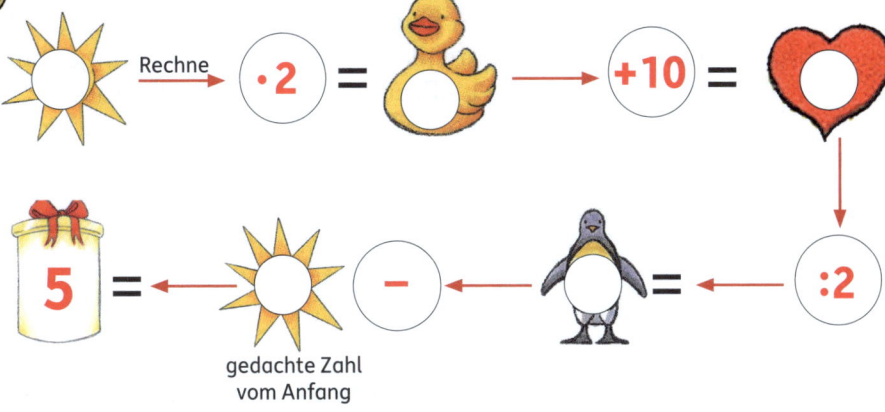

Zauberei? Egal, welche Zahl du dir ausgedacht hast, als
Ergebnis erhältst du immer die Zahl 5.
Lass diese lustige Aufgabe auch einen Freund oder deine
Geschwister rechnen!

Lies genau: Vorsicht, hier will dich jemand verwirren!

Um eine Rechengeschichte lösen zu können, musst du sie zuerst aufmerksam lesen!

149 **Vorsicht**, hier stimmt was nicht!

Nur eine der drei Geschichten ist jeweils sinnvoll.

▶ Male sie bunt an!

a)

1	2	3
Jana ist 7 Jahre alt, ihre Schwester ist 2 Jahre älter und ihr Bruder 8 Jahre jünger.	Jana ist 8 Jahre alt, ihre Schwester ist 2 Jahre jünger und ihr Bruder 7 Jahre älter.	Jana ist 2 Jahre alt, ihre Schwester ist 7 Jahre jünger und ihr Bruder 8 Jahre älter.

b)

1	2	3
Kilian geht in die 3. Klasse. Er ist 9 Jahre alt und hat 2 Brüder.	Kilian ist 3 Jahre alt. Er geht in die 9. Klasse und hat 2 Brüder.	Kilian geht in die 2. Klasse. Er ist 3 Jahre alt und hat 9 Brüder.

Als Rechen-Detektiv findest du sicher heraus, welche Informationen zum Lösen der Rechengeschichte **nicht wichtig** sind.

Streiche **unwichtige Informationen** durch!
Löse nun jede Aufgabe auf dieser Seite!

150 Luca ist 8 Jahre alt und Fußballfan. Mit 10 anderen Jungen spielt er in einer Mannschaft. Sie haben schon 6 Pokale gewonnen. Sein Vater ist 42 Jahre alt und schaut ihm bei fast allen Spielen zu.
▸ Um wie viele Jahre ist Lucas Vater älter als Luca selbst?

151 Rebecca ist das schnellste Mädchen in der Klasse. Sie braucht nur 8 Sekunden für 50 m. Ihre Freundin Ina braucht 2 Sekunden länger. Dafür kann Ina 24 m weit werfen. Jonas ist der beste Werfer in der Klasse. Er schafft 38 m.
▸ Um wie viel wirft Jonas weiter als Ina?

152 Die Klasse 2a macht einen Ausflug zum Flughafen. Tom freut sich, denn er ist schon dreimal geflogen. Sie fahren mit einem Bus mit 36 Sitzplätzen. Er ist ganz neu und hat ein Fernsehgerät. In der Klasse 2a sind 29 Kinder. Als Begleitpersonen fahren zwei Mütter und die Lehrerin mit.
▸ Wie viele Plätze im Bus sind nicht besetzt?

Juhu, Ferien!

153 In einem Zeltlager sind 24 Kinder. Es schlafen immer
3 Kinder in einem Zelt.
Alle Kinder bekommen eine Aufgabe: 5 Kinder müssen
beim Kochen helfen, 3 Kinder müssen den Tisch decken,
5 Kinder müssen Geschirr abwaschen, 6 Kinder sind für die
Ordnung im Waschraum zuständig und der Rest muss das
Lager aufräumen.

a) Wie viele Zelte brauchen sie?

b) Wie viele Kinder müssen das Lager aufräumen?

c) Nach einem Sturm sind 2 Zelte kaputt.
Wie viele Kinder müssen jetzt in einem Zelt schlafen?

154 ▶ Lies dir die Aufgabe genau durch, und streiche alle unwichtigen Sätze durch.

Im Freizeitpark gibt es viele aufregende Fahrgeschäfte. Valentin fährt am liebsten mit dem Riesenrad. Frederik findet die Wasserrutsche am lustigsten. Dort stehen viele Kinder an. Eine Fahrt kostet 2 €. Frederik freut sich schon auf die wilde Fahrt. Er darf 4-mal fahren.

▶ Wie viel muss er insgesamt bezahlen?

155 Im Ferienlager sind 34 Mädchen und 42 Jungen. Bei einer Wanderung gehen 28 Mädchen und 35 Jungen zu Fuß auf einen Berg, die restlichen fahren mit der Gondel. Auf dem Rückweg fahren insgesamt 36 Kinder mit der Gondel.

a) Wie viele Kinder sind insgesamt im Ferienlager?

b) Wie viele Mädchen sind es weniger als Jungen?

c) Wie viele Kinder gehen zu Fuß auf den Berg?

d) Wie viele Kinder fahren mit der Gondel auf den Berg?

e) Wie viele Mädchen fahren mit der Gondel auf den Berg?

f) Wie viele Kinder gehen den Rückweg zu Fuß?

156 Um 16:00 Uhr kommt Pias Freundin. Nun ist es 15:45 Uhr.
▶ Wie lange muss Pia noch warten?

157 Papa kauft für Mama zum Geburtstag Blumen. Er kauft 5
Rosen für je 4 Euro, 6 Tulpen für je 2 Euro und 3 Lilien für
je 3 Euro. Die Blumenverkäuferin bindet alle Blumen mit
einer bunten Schleife zu einem Strauß zusammen.
Die Schleife kostet 2 Euro.
a) Wie viele Blumen hat Papa insgesamt gekauft?
b) Wie viel kosten alle Blumen zusammen?
c) Wie viel muss Papa für den Blumenstrauß bezahlen?

158 Timo holt am Nachmittag seinen Freund Jonas ab und geht
mit ihm zum Spielplatz. Anschließend geht er zu seiner
Oma. Auf dem Weg dorthin muss er in der Bäckerei noch
ein Brot für sie besorgen.
▶ Spure den Weg, den Timo geht, bunt nach!
▶ Wie viele Minuten braucht Timo für diesen Weg?

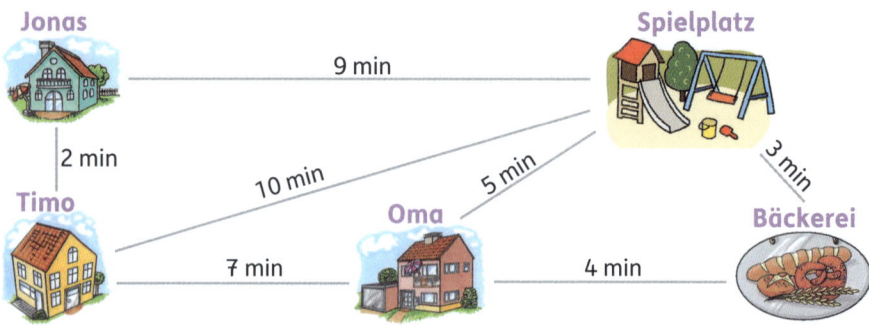

159 Das ist Maries Geldbeutel:

▸ Wie viel Geld hat Marie im Geldbeutel?

160 Der 17. Dezember 2007 war ein Montag.
▸ Welches Datum war am nächsten Montag?

161 In einer Packung sind 56 Gummibärchen. Davon sind 24 grün, 16 rot und der Rest gelb.
▸ Wie viele sind gelb?

Manchmal ist ein bisschen Bewegung zwischendurch gut!
Mach doch 15 Hampelmänner und trinke etwas.

162

3 €   4 €

8 €   28 €

Die Schule kauft neue Sportgeräte für die Turnhalle:
vier Fußbälle, fünf Sprungseile, fünf Frisbeescheiben und
ein Paar Inliner.
▶ Wie viel muss die Schule bezahlen?

163 In der Tüte sind 40 Bonbons. Jana teilt die Bonbons mit
ihren Freundinnen. Jedes Mädchen bekommt 8 Bonbons.
▶ Wie viele Mädchen sind es insgesamt?

164 „Meine Zahl hat zwei gleiche Ziffern und liegt zwischen
60 und 70."
▶ Wie heißt die gesuchte Zahl?

165 Beim Sommerfest in der Schule findet alle 25 Minuten ein Kasperltheater statt. Nach vier Vorstellungen ist eine kurze Pause. Danach geht es weiter.

▶ Wann beginnen jeweils die Vorstellungen?

▶ Ergänze den Plan!

Nächste Vorstellung!

13:00 Uhr
13:25 Uhr
PAUSE
15:30 Uhr

166 Klara und Jasmin freuen sich schon auf ihren Geburtstag. Klara hat am 18.5. und Jasmin am 3.11. Jetzt ist August.

▶ Wer von den beiden hat als nächste Geburtstag?

167 Oma hat die ganze Familie zum Frühstück eingeladen. Opa möchte ein Hörnchen und ein Brötchen. Jedes der drei Kinder möchte zwei Hörnchen. Papa und Mama möchten **jeder** eine Quarktasche und ein Brötchen. Oma möchte nur ein Brötchen.

Tipp: Diese Aufgabe kannst du mit Hilfe einer Tabelle gut lösen!

a) Für wie viele Personen muss Oma insgesamt den Tisch decken?

b) Wie viele Brötchen muss sie in der Bäckerei kaufen?

c) Wie viele Quarktaschen muss sie kaufen?

d) Wie viele Hörnchen muss Oma besorgen?

Test 3

168 In dieser Tabelle wurde genau aufgeschrieben, wie viele Personen in dieser Woche das Kino besucht haben.

▶ Schau dir die Tabelle genau an und beantworte die Fragen auf der nächsten Seite!

Tag	Erwachsene		Kinder	
	Männer	Frauen	Jungen	Mädchen
Montag	12	13	3	4
Dienstag	0	7	11	15
Mittwoch	2	6	9	7
Donnerstag	23	16	14	10
Freitag	4	1	7	0

a) An welchem Tag waren nur Erwachsene im Kino?

b) An welchem Tag waren am meisten Personen im Kino, an welchem Tag am wenigsten?

c) Wie viele Kinder waren insgesamt während der ganzen Woche im Kino?

d) Wie viele Mädchen und Frauen waren am Donnerstag insgesamt im Kino?

169 Ines, Hannah, Louisa, Florian und Marco vergleichen ihr gespartes Geld. Ines hat 7 €, Hannah hat 12 €, Louisa hat 4 €, Florian hat 8 € und Marco hat 15 €.

a) Wer hat am meisten gespart?

b) Wie viel haben die Mädchen zusammen gespart?

c) Wie viel Geld (€) hat Hannah mehr als Ines?

d) Wie viel muss Florian noch sparen, damit er so viel hat wie Marco?

e) Wie viel haben alle Kinder zusammen gespart?

f) Wie viel müssen alle zusammen noch sparen, damit sie insgesamt 50 € haben?

170 Von Montag bis Freitag liest Julia jeden Abend 6 Seiten in ihrem Buch. Am Samstag liest sie 15 Seiten und am Sonntag 20 Seiten.

▶ Wie viele Seiten liest Julia in der ganzen Woche?

171 Im Tierpark zählt Jakob die Tierbeine, die er in einem Gehege sieht.

▶ Wie viele Beine haben folgende Tiere?

a) **5 Bären**   b) **8 Pinguine**   c) **4 Löwen**

▶ Wie viele Beine haben alle Tiere zusammen?

172 Im Streichelzoo sind Ziegen und Enten. Es sind 6 Tiere. Leon zählt 20 Beine.

▶ Wie viele Ziegen und Enten sind im Streichelzoo?
Tipp: Löse durch Ausprobieren!

173 Damit Mutter keinen Geburtstag vergisst, hat sie alle Geburtstage in den Kalender eingetragen.

September						
Mo.	Di.	Mi.	Do.	Fr.	Sa.	So.
		1	2	3	4 *Max*	5
6	7	8	9	10	11	12
13 *Oma*	14	15	16	17	18	19 *Papa*
20	21	22	23	24	25	26
27	28 *Pia*	29	30 *Leon*			

a) An welchem Wochentag hat Oma Geburtstag?

b) Wann haben Leon und Pia Geburtstag? Schreibe den Wochentag und das genaue Datum auf!

c) Um wie viele Tage hat Papa nach Max Geburtstag?

d) Opa hat am 3. Oktober Geburtstag.
Welcher Wochentag ist das?

174 Marcel bekommt jede Woche 3 € Taschengeld. Davon kauft er sich immer eine Kinderzeitung für 1 €. Den Rest spart er.

▶ Wie viel Geld hat Marcel nach 5 Wochen gespart?

175 Mona hat sich für ihr Geburtstagsgeld etwas gekauft. Sie hat **genau 10 €** ausgegeben.

▶ Welche **verschiedenen** Dinge könnte sie sich gekauft haben?

▶ Schreibe alle Möglichkeiten mit einer Rechnung auf und rechne!

176 Auf diesem Bild siehst du, wie weit die Kinder beim Sportfest geworfen haben.

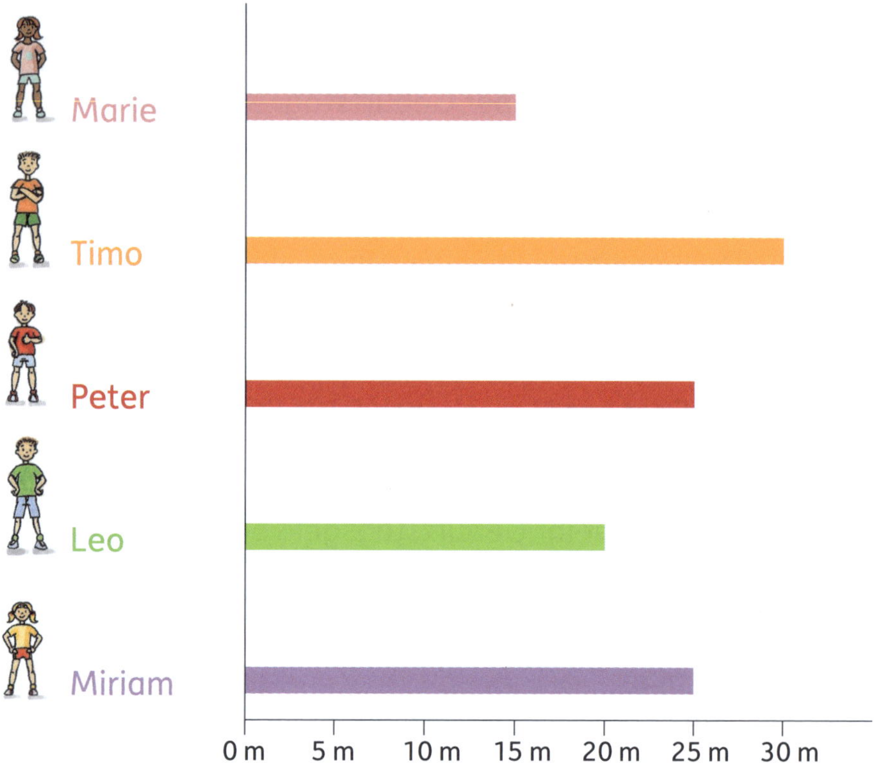

Marie	
Timo	
Peter	
Leo	
Miriam	

0 m   5 m   10 m   15 m   20 m   25 m   30 m

a) Wer hat am weitesten geworfen?

b) Welche beiden Kinder haben gleich weit geworfen?

c) Wie weit hat Leo geworfen?

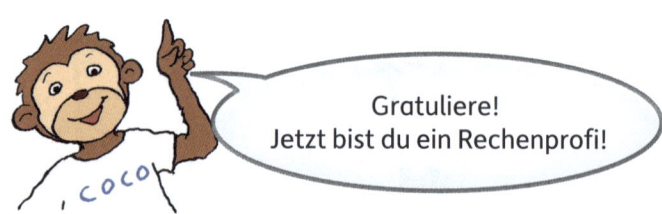

Gratuliere!
Jetzt bist du ein Rechenprofi!

Mein Rätselblock

Deutsch 2. Klasse

Rätselschatz
Deutsch 2. Klasse

Marie liest gerne Bücher.
Marie frisst gerne Bücher.
Marie schnitzt gerne Bücher.

Charlotte geht spazieren.
Krawatte geht spazieren.
Karotte geht spazieren.

...n erzählt einen Flitz.
...n erzählt einen Blitz.
...n erzählt einen Witz.

gemeinsam wachsen lernen
hauschkaverlag

Entwickelt, gestaltet und gedruckt in Deutschland

LESEPROBE ▶

A, E, I, O, U – verändere in jedem Wort nur einen Vokal und du erhältst ein neues Nomen. Schreibe es jeweils in die zweite Zeile. Verbinde mit dem passenden Bild.

H	O	S	E

K	U	G	E	L

W	A	N	D

M	U	N	D

N	A	D	E	L

Füge alle Vokale ein und finde das Lösungswort.

		N	K			F	S	K		R	B

Was hast du geschrieben? Kreise das passende Bild ein.

Ach, du Schreck! Fluffi hat den Einkaufszettel zerrissen. Jeweils zwei Teile gehören zusammen. Finde sie. Schreibe die Wörter nach dem Abc geordnet untereinander auf.

ÄP-
TIN-
LAM-
GUR-
KÄ-
EI-
SAH-
BIR-
NU-
-FEL
-KEN
-TE

ÄPFEL
_____
_____
_____
_____
_____
_____
_____
_____
_____

-SE
-NEN
-DELN
-NE
-PE
-ER

Von oben nach unten gelesen ergeben die farbig markierten Buchstaben ein Lösungswort.

Schreibe die Wörter zu den Bildern in die Kästchen.

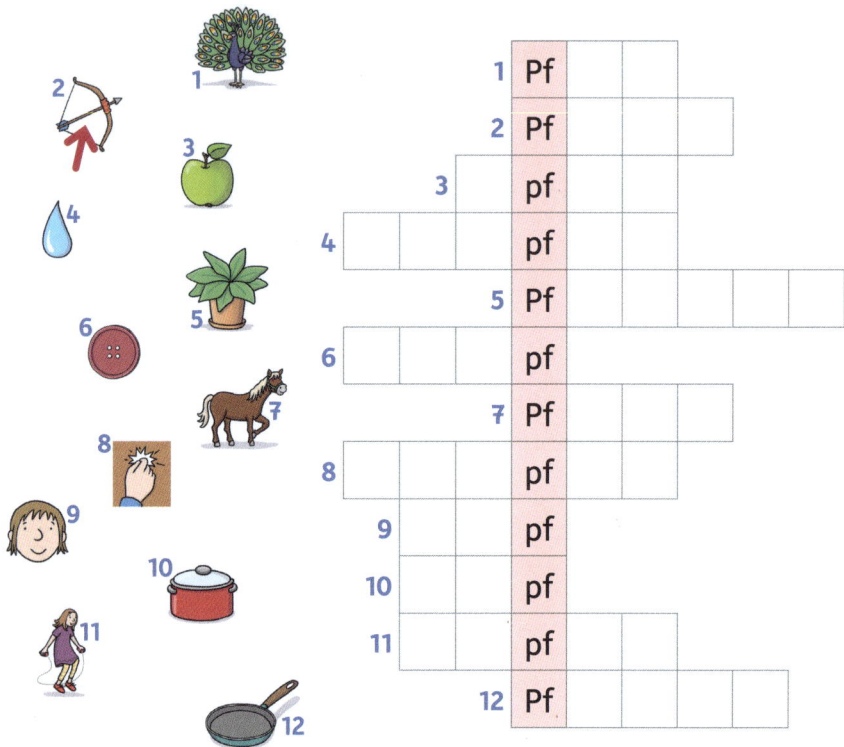

Tausche immer einen Buchstaben mit **Pf/pf** aus und du erhältst ein anderes sinnvolles Wort.

Seife		Zoo	
glücken		Dame	
Ton		Note	
Adel		kämmen	